物联网应用开发实训教程

主　编　吴俊强
副主编　卢　欣　朱旭东
主　审　卢　欣

东南大学出版社
SOUTHEAST UNIVERSITY PRESS
·南京·

内容简介

本书基于校企合作编写，介绍物联网应用开发实训系统、实训系统资源配置、嵌入式网关的系统烧写、物联网应用 Android 开发环境搭建、传感器实验及节点控制实验。并精选智慧农业、智能家居和智能货架三个物联网典型应用案例，以物联网应用开发为核心，根据物联网三层架构，开发内容包含感知层基础与开发、传输层应用、应用层基础与开发。每个案例都从学习目标、实验环境、实验原理、实验内容、实验步骤、实验结果、总结等进行详尽的阐述，实现农业环境智能检测、农业设备智能控制，智能家居门禁安防监控、环境监测、家居设备智能控制和货架信息动态感知等功能。

本书可作为高等院校相关专业及各类物联网培训班对物联网应用开发的教学用书，也是物联网爱好者较实用的自学参考书。

图书在版编目(CIP)数据

物联网应用开发实训教程 / 吴俊强主编. —南京：东南大学出版社，2020.12

ISBN 978-7-5641-9158-0

Ⅰ. ①物… Ⅱ. ①吴… Ⅲ. ①物联网-系统开发-教材 Ⅳ. ①TP393.4 ②TP18

中国版本图书馆 CIP 数据核字(2020)第 197683 号

物联网应用开发实训教程

Wulianwang Yingyong Kaifa Shixun Jiaocheng

主　　编　吴俊强
出版发行　东南大学出版社
出 版 人　江建中
责任编辑　戴坚敏
社　　址　南京市四牌楼 2 号
邮　　编　210096
网　　址　http://www.seupress.com
经　　销　各地新华书店
印　　刷　大丰市科星印刷有限责任公司
开　　本　787 mm×1092 mm　1/16
印　　张　13.5
字　　数　346 千字
版　　次　2020 年 12 月第 1 版
印　　次　2020 年 12 月第 1 次印刷
书　　号　ISBN 978-7-5641-9158-0
定　　价　54.00 元

前　言

受益于良好的外部环境及市场前景，经过业界的共同努力，物联网作为我国战略性新兴产业的重要组成部分，正在进入深化应用的新阶段，有望带动设备制造业、运营商、应用市场等领域的蓬勃发展，今后几年将继续保持快速增长。根据工信部预测，2020年成熟时将启动万亿元级别的市场规模。目前，互联网企业、运营商及传统行业等巨头企业是物联网产业感知层、网络层、平台层建设的重要力量，投入高，研发力量强，占据了绝大部分市场，同时他们已经搭好了物联网通用的技术平台，在一定程度上为中小企业降低了物联网应用层的准入门槛，应用层市场空间和人才需求大。

本书由高校教师与企业一线技术人员组成校企合作团队，面向企业实际需求，把教师的教学理念和经验与企业的研发能力和生产能力相结合，把理论教学与技能实训相结合，研究物联网应用关键技术，结合物联网系统典型应用案例，设计相应的实训课程，以工作过程系统化理念为导向，采用“项目/任务驱动模式”编写实训教程，以技能训练为核心，突出学生专业能力与实践能力的培养。

本书分为两部分。第一部分物联网应用开发实训系统介绍，介绍物联网应用开发实训系统、嵌入式网关的系统烧写、物联网应用Android开发环境搭建、传感器实验及节点控制实验，为读者深入了解和掌握物联网技术应用开发奠定良好基础。第二部分物联网应用开发实训，精选智慧农业、智能家居和智能货架三个物联网典型应用案例，每个案例都从学习目标、实验环境、实验原理、实验内容、实验步骤、实验结果、总结等方面进行详尽的阐述，实现农业环境智能检测、农业设备智能控制、智能家居门禁安防监控、环境监测、家居设备智能控制，以及货架信息动态感知等功能。并随书提供内容丰富的配套资源(包括实训源程序、实训手册、参考文档等实训相关资料)，为读者的应用开发提供技术支持。

本书由无锡工艺职业技术学院吴俊强主编，卢欣、朱旭东副主编，卢欣主审。本书的编写得到了无锡泛太科技有限公司领导和技术人员的大力支持，同时，本书的出版得到“中国轻工业‘十三五’规划教材”和“全国高等院校计算机基础教育研究会计算机基础教育教学研究项目(2019-AFCEC-299)”的资助，也得到了东南大学出版社的支持，在此一并致以最诚挚的感谢!由于编者水平有限，书中难免存在疏漏之处，敬请读者批评指正。

作者

2020年7月

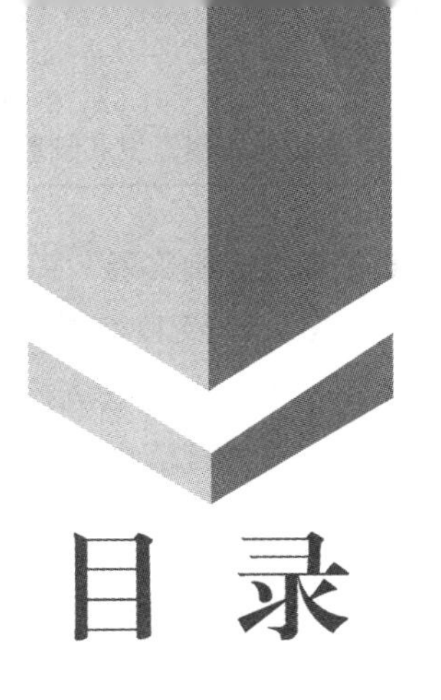

目 录

第一部分 物联网应用开发实训系统介绍

第二部分 物联网应用开发实训

第一部分

物联网应用开发实训系统介绍

1 物联网应用开发实训系统简介

1.1 物联网应用系统

根据国际电信联盟(ITU)的定义,物联网(Internet of Things,IOT)主要解决物与物(Thing to Thing,T2T)、人与物(Human to Thing,H2T)、人与人(Human to Human,H2H)之间的互联,物联网的三层体系架构如表1-1所示,自下而上分为感知层、网络层和应用层。在感知层通过IOT设备进行信息采集、传输处理和自动控制;在应用层一般使用远程控制端通过网络层向IOT设备获取信息或发送控制指令,IOT设备返回信息或执行指令,经过网络分析并显示在远程的控制端;处理和存储IOT设备采集的信息的位置有很多,如云存储端、本地数据库、远程控制端或者IOT设备;IOT网关则是连接感知网络与传统通信网络的纽带,可以实现感知网络与通信网络以及不同类型感知网络之间的协议转换,既可以实现广域互联,也可以实现局域互联,此外网关还具备设备管理功能,可以管理感知层的各感知节点,了解各节点的相关信息,并实现远程控制。物联网应用系统原理拓扑图如图1-1所示。由此可见,物联网应用系统开发所涉及的知识面广、技术要求高,涵盖了传感器技术、RFID技术、接口控制技术、ZigBee等无线传感网组网技术、网络技术、Android/Linux应用开发和数据库技术。

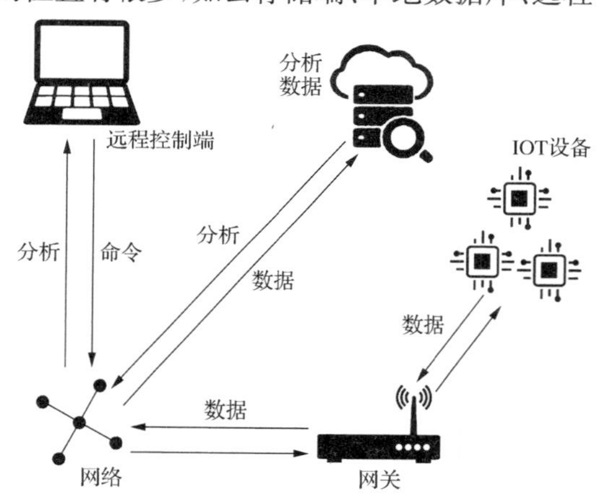

图1-1 物联网应用系统原理拓扑图

表1-1 物联网系统结构

层次	定 义	领 域
应用层	根据业务需要,通过平台服务层实现物联网在众多领域的各种应用	智能终端和集成应用
网络层	主要实现信息的传递、路由和控制,可以依托公众电信网和互联网,也可以依托行业专业通信网格	模组、通信网络
感知层	实现对物理世界的智能感知、信息采集处理和自动控制,并通过传感网将物理实体连接到网络层和应用层	芯片、传感器

1.2　实训系统简介

物联网应用开发实训系统(SeaIOT－DP06－C 型,简称六型柜)由无锡泛太科技有限公司研制,以智能家居、智慧大棚、智能货架为案例,使学生了解和掌握物联网应用系统硬件构成、业务原理及应用开发。实训柜如图 1－2 所示。

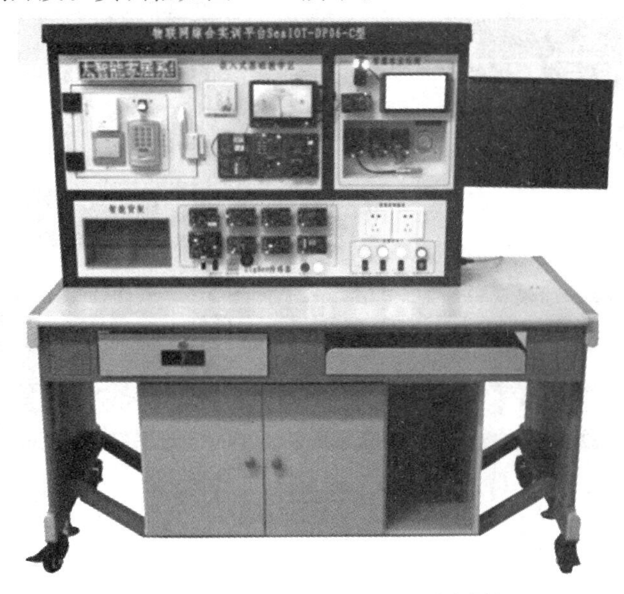

图 1－2　SeaIOT－DP06－C 型实训柜

该平台综合运用传感器技术、RFID 技术、接口控制技术、无线传感网组网技术、Android 应用开发等,依托部署在操作台上的 315 MHz 设备、ZigBee 节点、射频设备、控制设备、Cortex－A8 网关以及软件系统,实现智能家居门禁安防监控、智能家居环境监测、家居设备智能控制、农业环境智能检测、农业设备智能控制以及货架信息动态感知等功能。平台提供智能家居实训应用程序、智能农业实训应用程序、智能货架实训应用程序等多个应用案例,为用户的综合实训开发提供支持。

1.3　实训系统特点

SeaIOT－DP06－C 型实训系统整体组成如图 1－3 所示,系统特点如下:

(1) 全面覆盖物联网各层知识点:传感层包含多种传感器和控制设备;短距离通信网络包含 ZigBee 无线传感网、RFID 射频识别等。网关集成 4G 新一代移动通信网络、Wi-Fi/蓝牙无线通信模块以及用于嵌入式开发的各种输入输出设备。网关设备支持 Linux 嵌入式开发、GUI 开发与 Android 移动开发。

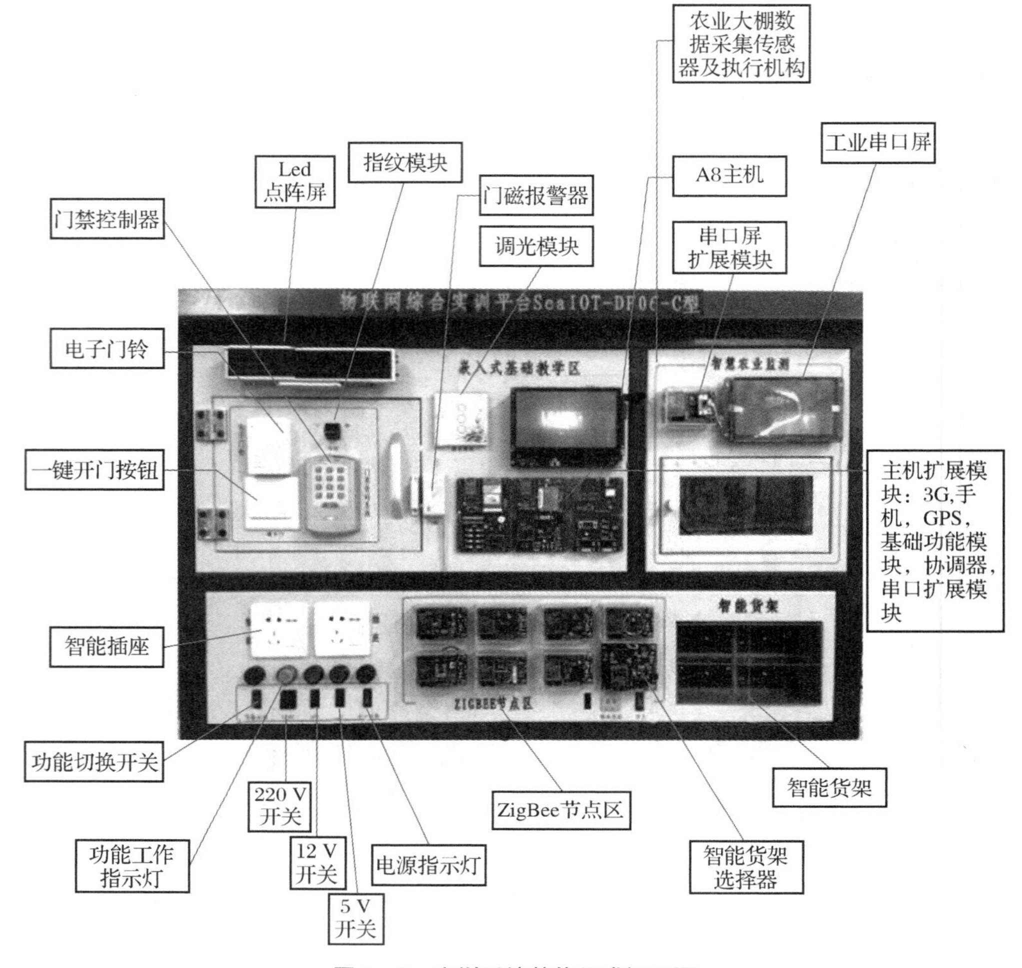

图 1－3　实训系统整体组成概况图

(2) 模块化设计，应用形式多样：嵌入式网关、传感器节点通过插针或插件方式与底板连接。节点采用供电与固定一体的安装方式，使用灵活，既可在固定实验台上使用，也可单独取出，作为移动节点用于各种实训项目。

(3) 灵活多样的传感器，支持用户定制：提供温湿度节点、可燃气体节点、继电器节点、遥控按键节点、RFID 节点、光敏节点、三轴加速度节点、颜色节点、火焰节点、结露节点、数字气压节点、光线节点、语音播放、指纹识别、强电控制节点等。

(4) 生物识别智能传感器的引入：提供指纹识别传感器，用于家居门禁系统。

(5) 图像传感器的引入：支持 CMOS/CCD 摄像头、网络摄像机等图像传感器，可实现视频浏览、拍照、存储、回放等功能，使得传感层的功能更完整。

(6) 多种短距离无线传感器网络融合：集成 315 MHz、ZigBee、Wi-Fi、蓝牙等多种无线通信网络。

(7) 多种长距离通信模块：包括以太网(有线)、Wi-Fi、4G、GPS 等。

(8) 支持多种主流操作系统的嵌入式网关：采用 Cortex-A8 网关。核心板和接口底板通

过邮票方式可靠连接，具有高主频(1.6 GHz)、大存储容量(4 GB+2 GB)的特点，集成ZigBee、Wi-Fi/BT二合一、4G通信、GPS定位等多种无线通信模块；Linux和Android双操作系统，可一键切换。

(9) 丰富的应用实训系统：提供传感层数据分析、处理、显示的嵌入式应用程序；提供智能农业、智能家居、智能货架等多种实训项目的应用方案。

(10) 智能遥控：系统集成多向红外学习遥控功能，可轻松添加红外遥控家电设备，可对常见的多种红外家电统一进行遥控控制。

(11) 本地监控与远程监控相结合：系统兼容C/S、B/S两套软件架构，可通过智能网关软件界面实现本地控制，也可通过实现远程互联网Web页面访问。

(12) 实训台内置漏电断路器，防止设备因发生漏电造成事故。

(13) 实训台主要技术参数如表1-2所示。

表1-2　实训台主要技术参数

模块类型	硬件资源	供电方式
主机	◆ 三星公司生产的A8内核处理器的FT210开发板 • 内存：4G bits DDR2 • Flash：2G bits SLC NAND FLASH • 集成单片电源管理芯片 • 集成100 M以太网卡 • 集成AC97接口HIFI声卡 • 系统总线扩展接口	◆ 实验平台采用AC 220 V供电方式； ◆ 主机也可独立另用DC 5 V供电
ZigBee	◆ 前端节点采用TI公司片上系统CC2530芯片 ◆ 内部集成C51内核和2.4G RF前端	◆ 实验平台直接供电方式； ◆ DC 5 V/3 V电池方式

1.4　实训系统软件功能

SeaIOT-DP06-C型实训系统的软件功能丰富，主要功能如下：

(1) 智能家居监控管理软件：充分利用平台部署的各种传感器节点、控制设备形成无线传感器网络，结合智能网关的家居管理软件，实现家居环境监控、家居安防、家电控制、智能遥控、视频监控、本地监控、远程监控等功能。

(2) 智能农业监控管理软件：充分利用平台部署的各种传感器节点、控制设备形成无线传感器网络，结合智能网关的农业监控管理软件，实现农作物生长环境监测、农业设备控制、农业远程监控等功能。

(3) 智能货架动态显示管理软件：利用平台部署的RFID电子标签、RFID天线、RFID读写器以及ZigBee通信模块形成无线传感器网络，结合智能网关的智能仓储管理软件，实现货位物品的动态感知、自动盘点等功能。

(4) 上位机 PC 端的无线传感器网络管理软件：ZigBee 协调器、蓝牙主机、Wi-Fi 主机可以通过串口连入 PC 机，在 PC 机上采用 Visual Studio & MSDN 与 SQL SERVER 开发无线传感器网络管理软件，实现传感节点采集信息与控制信息的无线传输，代替嵌入式网关。

SeaIOT－DP06－C 型实训系统软件界面如图 1－4 所示。

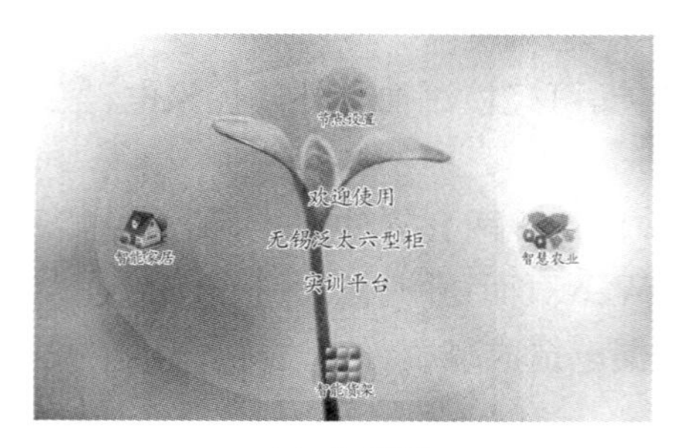

(a) 主界面

(b) 智能家居安防界面

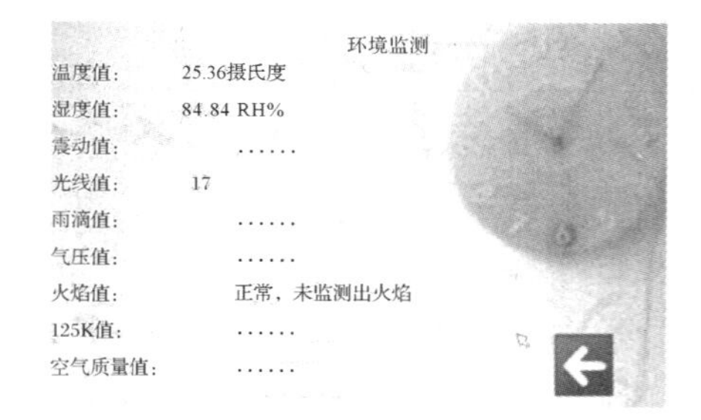

(c) 智能农业环境监测界面

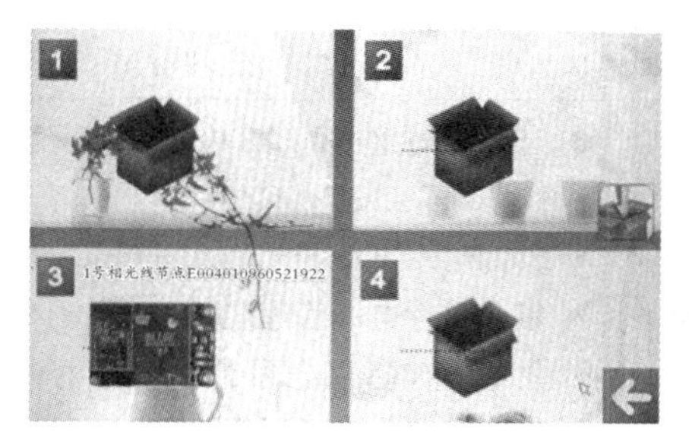

(d) 智能货架物品盘点界面

图 1－4　实训系统软件界面

2　实训系统资源配置

2.1　硬件资源介绍

SeaIOT－DP06－C 型实训系统采用韩国三星公司的处理器 S5PV210，它采用了 ARM CortexTM-A8 内核，ARM V7 指令集，主频可达 1 GHz，64/32 位内部总线结构，32/32 KB 的数据/指令一级缓存，512 KB 的二级缓存，可以实现超过 2.0 DMIPS/MHz 的高性能运算能力。

S5PV210 包含很多强大的硬件编解码功能，内建 MFC（Multi Format Codec），支持 MPEG-1/2/4、H.263、H.264 等格式视频的编解码，支持模拟/数字 TV 输出。JPEG 硬件编解码，最大支持 8000×8000 分辨率，内建高性能 PowerVR SGX540 3D 图形引擎和 2D 图形引擎，支持 2D/3D 图形加速，是第五代 PowerVR 产品，其多边形生成率为 2800 万多边形/秒，像素填充率可达 2.5 亿/秒，在 3D 和多媒体方面比以往大幅提升，能够支持 DX9、SM3.0、OpenGL2.0 等 PC 级别显示技术。具备 IVA3 硬件加速器、出色的图形解码性能，可以支持全高清、多标准的视频编码，流畅播放和录制 30 帧/秒的 1920×1080 像素（1080p）的视频文件，可以更快解码更高质量的图像和视频，同时，内建的 HDMIv1.3 可以将高清视频输出到外部显示器上。

该嵌入式平台的核心板尺寸仅相当于一个 48 mm×67 mm 的方块大小，与底板采用邮票连接方式。核心板主机模块如图 2－1 所示。

图 2－1　核心板主机模块

1）核心板资源介绍

- 内存：4GB DDR2
- Flash：2GB EMMC
- 集成单片电源管理芯片
- 集成 100M 以太网卡
- 集成 AC97 接口 HIFI 声卡
- 系统总线扩展接口

2）底板资源介绍

- 板载 RTC
- 板载 1 个独立 CAMERA 接口
- 板载 RS232 串口×4、RS485 串口×1
- 外扩 I2C、SPI、PWM、AD/DA 等接口
- 板载 3 个 Android 专用键盘
- 板载 2 个 USB HOST 2.0、1 个 USB OTG 2.0 接口
- 板载 2 个 SDIO 接口（1 个 SD 卡接口，1 个 SDIO Wi-Fi 接口）
- HDMI、VGA 接口输出
- 支持 4.3 寸、7 寸多款液晶模块
- 支持电阻式触摸屏与电容式触摸屏
- 板载 CAN 总线接口
- 板载 485 总线接口
- 板载模拟 CCD 摄像头接口
- 选配 GPS 模块
- 选配 Wi-Fi 模块
- 板载 mini PCI 接口选配 WCDMA/CDMA2000/TD-CDMA 多种制式 3G 模块

3）扩展模块选配

- 选配 CC2530 协调传感模块
- 选配基础功能模块
- 选配步进电机模块
- 选配直流电机风扇模块
- 选配 8×7 矩阵键盘模块
- 选配继电器模块
- 选配 16×24 点阵模块
- 选配 4 路视频切换模块

2.2　软件资源介绍

1) Bootloader

- u-boot-1.3.4
- 支持 ext2/ext3 镜像烧写
- 支持 100M 以太网下载
- 支持 USB 下载
- 支持 EMMC 启动
- 支持 SD 启动
- 支持通过 SD 卡烧写系统
- 支持 fastboot 协议下载烧写系统
- 支持 BMP 格式图片 logo(用户可自定义 logo.bmp 文件)
- 支持 LCD 显示
- 支持中文显示
- 支持按键一键烧写以及通常串口命令烧写

2) 其他功能

- 提供支持 SD 卡启动的 u-boot,无需通过 JTAG 方式烧录 u-boot
- 通过 SD 方式升级系统,方便快捷
- 支持 USB 升级内核和文件系统

2.3　Nand Flash 地址分配

Nand Flash 地址分配如表 2-1 所示。

表 2-1　Nand Flash 地址分配

Address		Size	Description
0x0000_0000	0x000F_FFFF	1MB	bootloader(u-boot)
0x0010_0000	0x005F_FFFF	5MB	kernel(linux)
0x0060_0000	0x0FFF_FFFF	250MB	system(qtopia)

3 嵌入式网关的系统烧写

3.1 硬件连接

硬件:5 V 电源线、串口线、网线、OTG-USB 数据线,连接如图 3-1 所示。

图 3-1 网关硬件连接示意图

串口 UART0:开发板上引用了一个串口,即 UART0。UART0 主要用于与 PC 进行交互,查看开发板输出的串口信息以及通过串口控制开发板。

OTG-USB 接口:通过 USB 通信接口,将 u-boot、kernel、rootfs 等下载、烧写到内存或者 Nand Flash 中。

DM9000RJ45 网口:可使用该网卡进行 PC 与开发板的网络传输,也可用于测试开发板的上网功能。

3.2 Windows XP 下对 SD 卡进行分区

想要在 Windows 操作系统下制作启动用的 SD 卡,则需要先把 SD 卡分区,预留前 10 MB 给 u-boot。

注意：本文的实验 32 G 以下的 SD 是没有问题的，32 G 以上的没试验过，但在 Windows 中，能分区格式化的 FAT32 卷，最大只能达到 32 G，所以建议不要使用 32 G 以上的。

使用笔记本的 SD 卡槽往往也会失败，建议使用 USB 读卡器。

(1) 打开光盘里面的软件 WinPM. exe，该软件在光盘的位置：开发板资料\Tools\调试工具文件夹下。

(2) 选择 SD 卡，如图 3－2 所示。

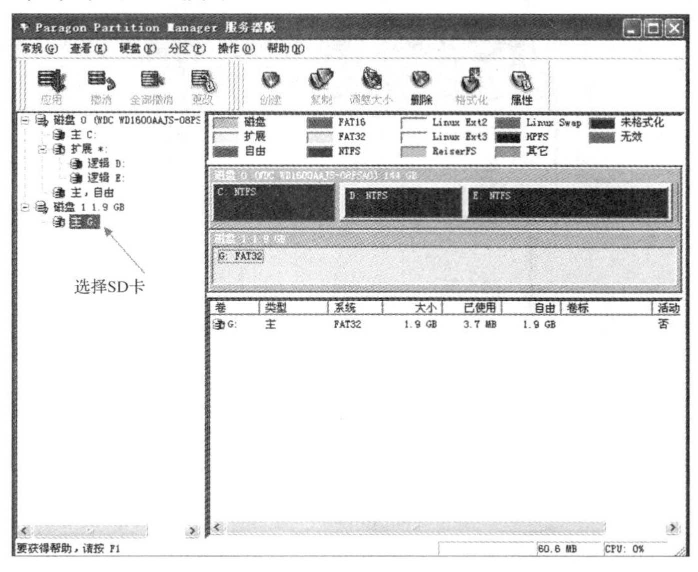

图 3－2　选择 SD 卡

注意：小心 SD 卡对应的盘符，别误操作其他分区或硬盘而造成数据丢失。

(3) 点击右键，选择“删除”，如图 3－3 所示。

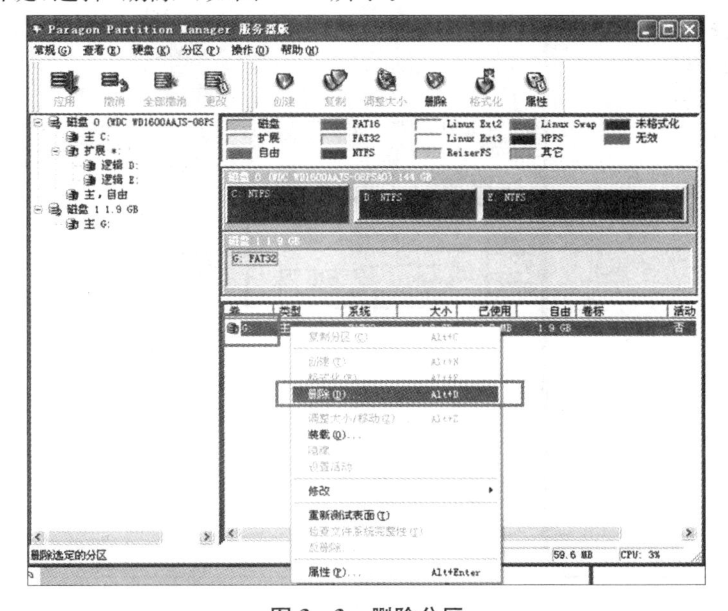

图 3－3　删除分区

在弹出框中选择“确定”，如图 3－4 所示。

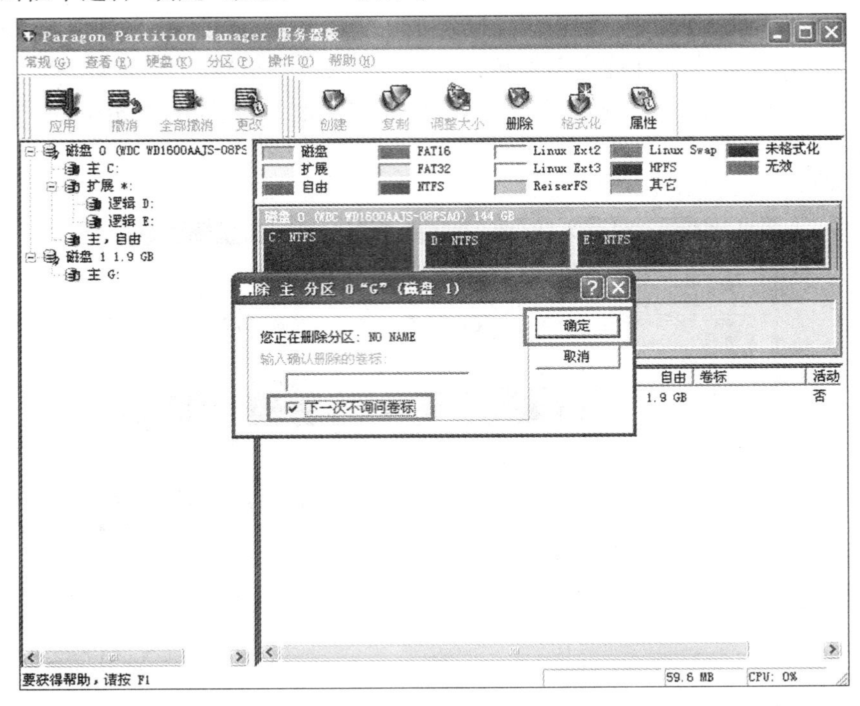

图 3－4　删除分区确定

在弹出框中选择“是”，如图 3－5 所示。

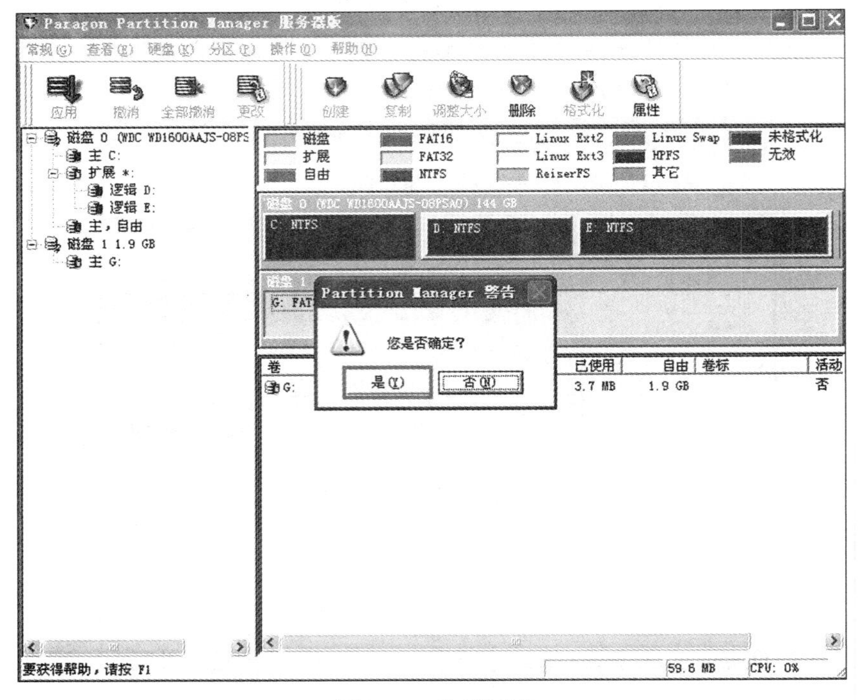

图 3－5　选择“是”

(4) 点击右键,选择"创建",如图 3 - 6 所示。

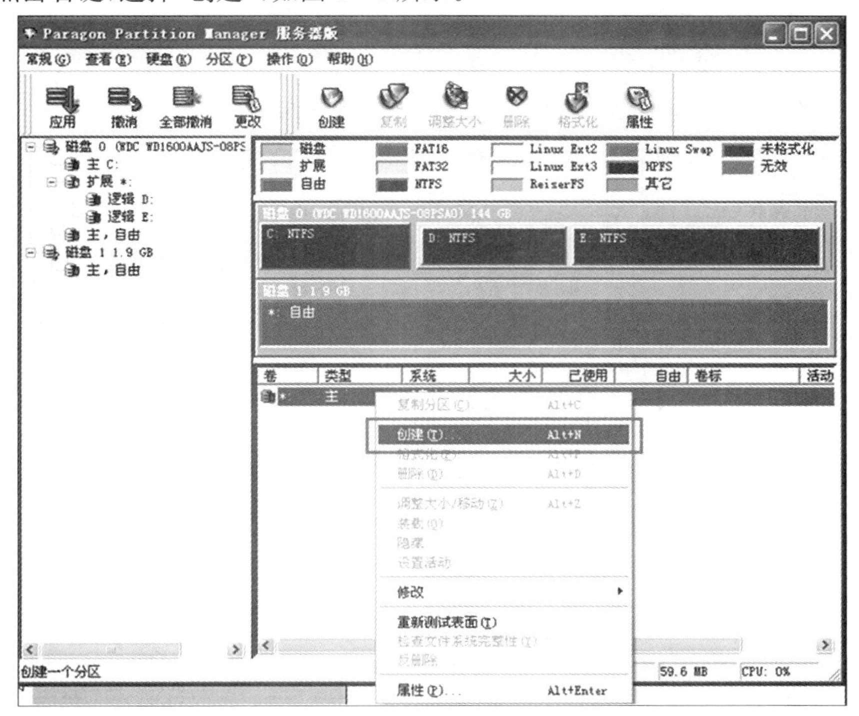

图 3 - 6　创建分区

(5) 预留 10 MB 空间,如图 3 - 7 所示。

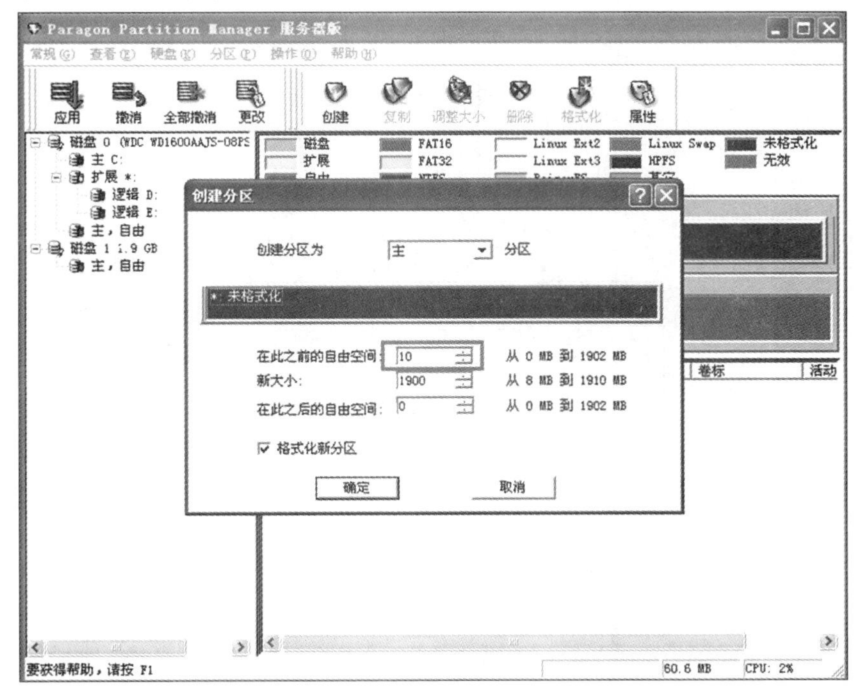

图 3 - 7　预留 10 MB 空间

选择“FAT32”，如图 3－8 所示。

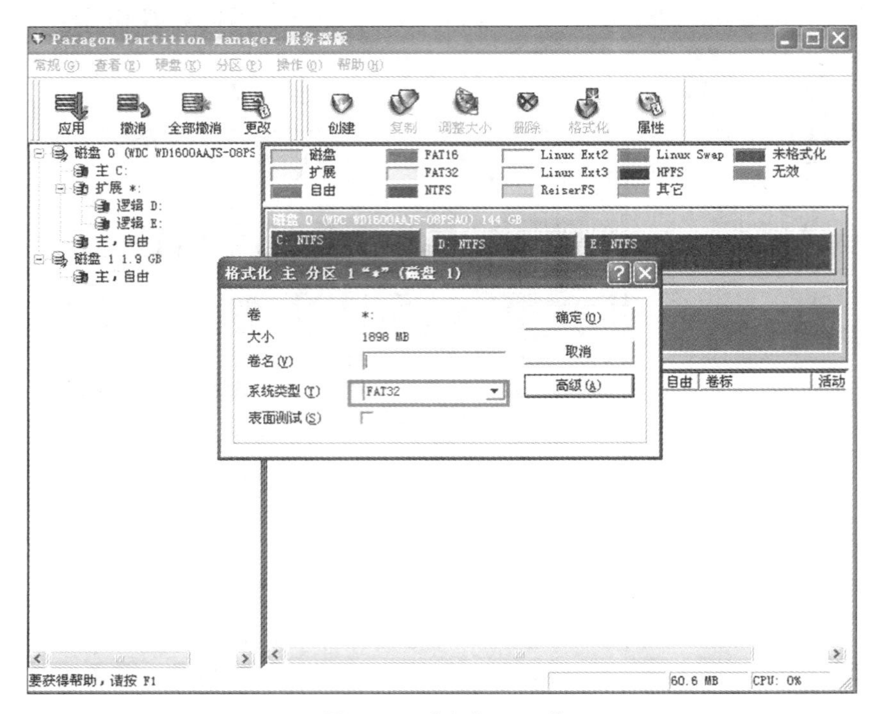

图 3－8 选择“FAT32”

在弹出框中，选择“是”，如图 3－9 所示。

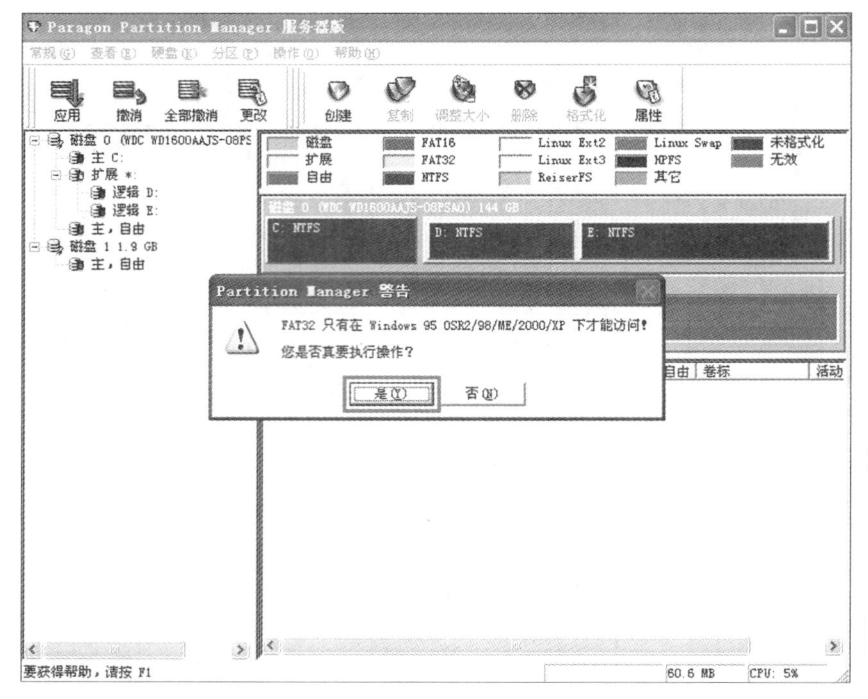

图 3－9 选择“是”

按“确定”，然后右键如图 3－10 所示蓝色部分，单击装载。

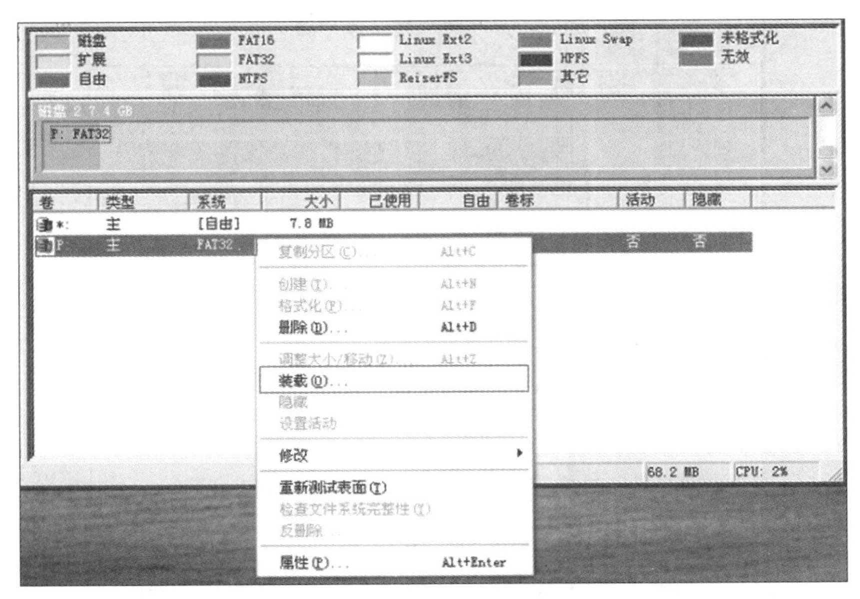

图 3－10　单击“装载”

（6）选择“应用”，执行所有修改，如图 3－11 所示。

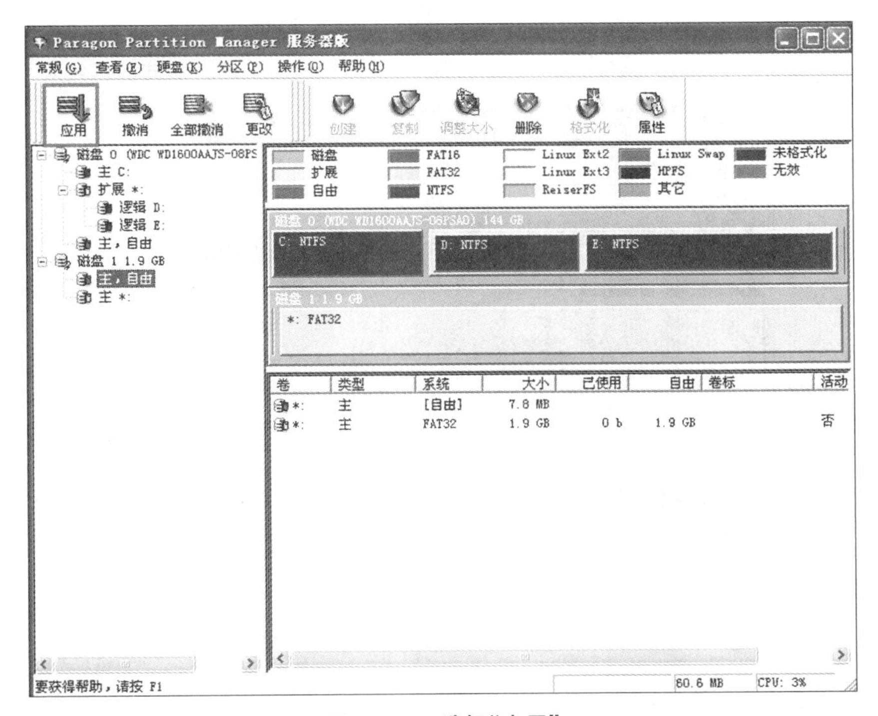

图 3－11　选择“应用”

在弹出框中选择“是”，如图 3－12 所示。

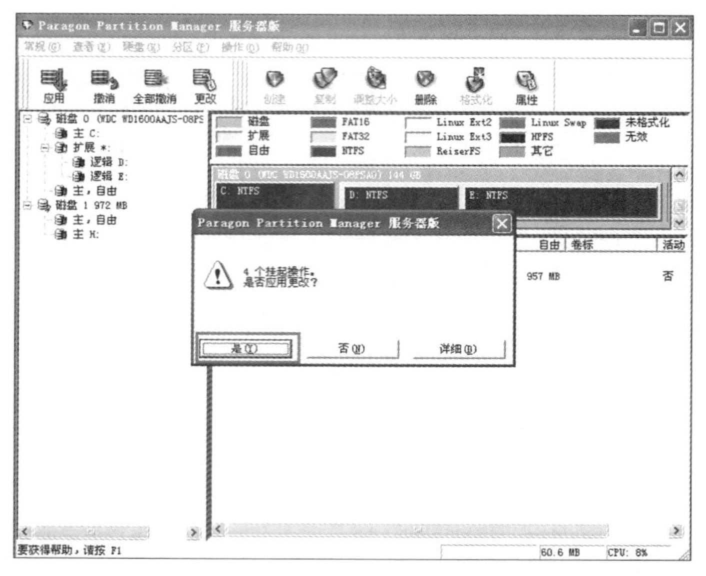

图 3-12　选择"是"

至此，已完成 SD 卡的分区，预留了 u-boot 所需要的空间，如图 3-13 所示。

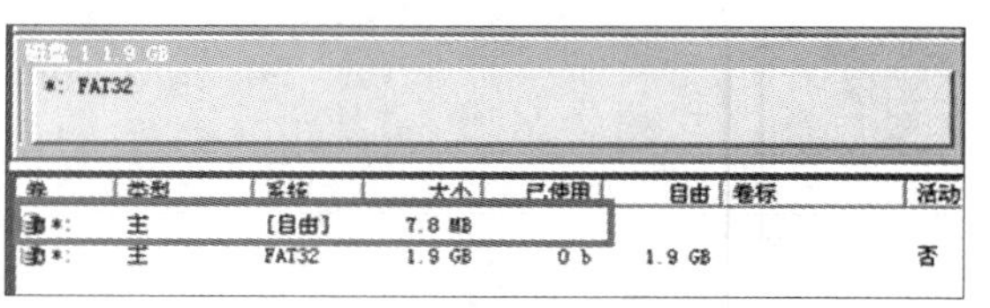

图 3-13　SD 卡分区结果

如果发现完成上述步骤后 SD 卡在电脑上没显示了，那么重复装载一次即可，如图 3-14 所示。

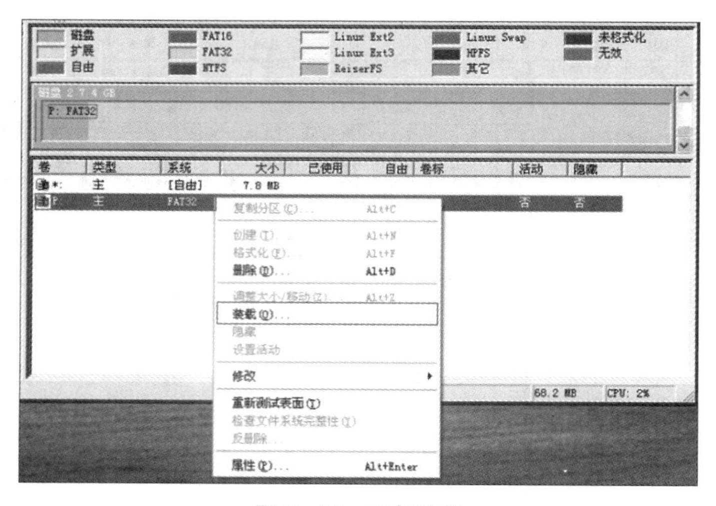

图 3-14　重复装载

3.3　Windows XP 下烧写 u-boot.bin 到 SD 卡

在上一节已完成 SD 卡的分区，预留了 u-boot 所需要的空间，接下来可烧写 u-boot 到

SD/TF 卡中。步骤如下：

(1) 使用前最好先把 SD/TF 卡格式化一下。

(2) 打开烧写软件 moviNAND_Fusing_Tool_v2.0，软件的位置：在光盘里面的开发板资料\Tools\调试工具文件夹下。

(3) 选择 SD 卡的盘号，如图 3 - 15 所示。

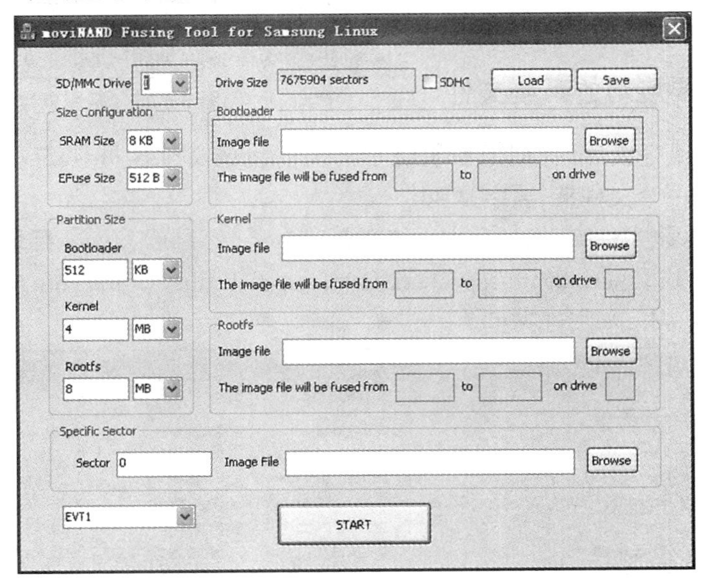

图 3 - 15　选择 SD 卡的盘号

(4) 选择烧写的文件 u-boot.bin。该文件的位置：在光盘里面的系统资料\Android 系统\Image 文件夹下。

(5) 单击"START"，如图 3 - 16 所示。

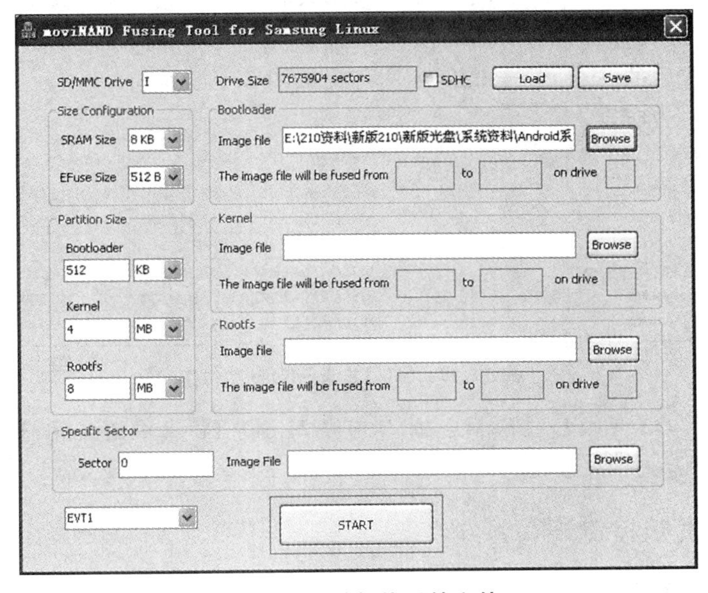

图 3 - 16　选择烧写的文件

弹出对话框，提示烧写成功，如图 3－17 所示。单击“确定”完成。

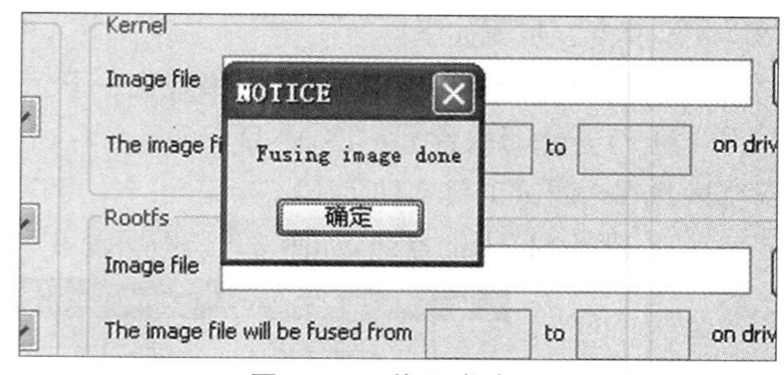

图 3－17　烧写成功

3.4　烧写系统

1) 准备好要烧写的系统文件

(1) 上述步骤完成后，我们把系统烧写需要的镜像文件拷贝到 SD/TF 卡中，首先在 SD/TF 卡中建立一个文件夹，名字是 sdfuse。

(2) 然后进入该文件夹，把光盘中系统资料\Android 系统\Image 目录下如图 3－18 所示的文件 u-boot. bin、kernel. img、system. img、ramdisk-uboot. img、fontall. fon、logo. bmp 拷贝到 SD/TF 卡 sdfuse 文件夹里。

名称	修改日期	类型	大小
fontall	2012/6/18 23:55	字体文件	2,040 KB
kernel	2014/6/16 17:31	光盘映像文件	3,565 KB
kernel_tw9912_AVIN	2014/6/16 17:39	光盘映像文件	3,565 KB
kernel_VGA_1024_768	2014/6/16 17:41	光盘映像文件	3,565 KB
logo	2014/6/17 15:33	BMP 文件	1,126 KB
ramdisk-uboot	2013/11/19 11:40	光盘映像文件	161 KB
system	2013/11/19 11:42	光盘映像文件	204,800 KB
u-boot.bin	2014/6/24 17:30	BIN 文件	384 KB

图 3－18　烧写需要的文件

注意：另外两个 kernel 文件是用于模拟摄像头(kernel_tw9912_AVIN. img)和 VGA(kernel_VGA_1024_768. img)测试使用的。在做相应测试时，请把文件名修改为 kernel. img，因为 u-boot 烧写时只识别 kernel. img 文件。

(3) 拷贝完成后的 SD/TF 卡 sdfuse 文件夹如图 3－19 所示。

名称	修改日期	类型	大小
fontall	2012/6/18 23:55	字体文件	2,040 KB
kernel	2014/6/16 17:31	光盘映像文件	3,565 KB
logo	2014/6/17 15:33	BMP 文件	1,126 KB
ramdisk-uboot	2013/11/19 11:40	光盘映像文件	161 KB
system	2013/11/19 11:42	光盘映像文件	204,800 KB
u-boot.bin	2014/6/24 17:30	BIN 文件	384 KB

图 3－19　SD/TF 卡 sdfuse 文件夹

注意：EMMC 启动和 SD/TF 卡启动，均可烧写 SD/TF 卡中的文件，切勿误解为只允许 SD/TF 卡启动的情况。

2) 使用开发板按键烧写系统

这里采用一键烧写系统的方法，只需要按一个实验系统上的独立按键即可完成。在系

统启动时，液晶屏会有中文提示“按下板载的任意按键进入烧写控制菜单”，根据提示按任意键，在烧写控制菜单里，按下 MENU 按键即可完成系统文件的全部烧写工作，完成后会自动重启系统。该方法对于新手和批量烧写非常方便。具体操作步骤如下：

（1）开机启动提示信息

在开机时，液晶屏会提示“请按板载的任意按键，进入烧写控制菜单！”，这时按右侧三个按键的任意一个，即可停止 u-boot 的倒计时，并进入菜单操作界面。

（2）菜单操作

进入菜单操作界面后，就可以执行烧写、分区等操作了。

在该界面会有图片显示，显示的图片即为前面拷贝到 SD/TF 卡中的 bmp 图片。注意，本程序仅支持 bmp 格式的图片，且为 24 位色或者 32 位色的图片。我们使用的是 24 位色图片，推荐这种格式的图片。如果没有图片，则默认为黑色背景。

液晶屏显示的背景为定制的 logo 图片，左下角有三行汉字（显示汉字必须要把随系统的字库文件 fontall.fon 文件与系统文件放在一起，否则默认显示英文），右上角显示当前操作的系统，如果为 linux 则显示 linux 3.0.8，Android 则是 Android 4.0(linux 3.0.8)。如图 3－20 所示。

图 3－20　背景 logo 图

按键的功能，液晶屏左下角的说明已经很清楚了，ESC 键是重新启动；HOME 键是对 EMMC 分区并写字库文件到 EMMC；MENU 键是一键烧写系统。

一般情况下，我们只需要按 MENU 键即可，系统就会自动完成烧写，并重新启动进入系统。

（3）u-boot 支持说明

① 在之前有用户反映，当文件系统大于我们提供的文件系统时，烧写后无法正常启动。为此在本版本中也做了修正，目前可最大支持 480MB 的文件系统，不过推荐不要大于 450MB 的文件系统。对于用户使用比默认的系统文件大的情况，可以直接烧写，无需修改 u-boot 的任何地方。

② 该版本 u-boot 支持一键烧写功能，所以用户在设计板子时可以留出一个按键来使用这个功能，按键的 I/O 口可以使用我们开发板默认的 I/O 口，也可以自定义 I/O，或者向我

们定制。

③ 该版本 u-boot 也可支持更大的字体(默认为 16×16)，如 24×24、32×32 等字体，我们只提供默认的 16×16 版本，其他版本可自行修改，或者向我们定制。

④ 对于该版本 u-boot 需要的 bmp 文件，可以使用 PS 等图片处理软件进行转换。bmp 图片用户可使用任意 800×480 分辨率的图片，注意一定要是 800×480 分辨率，不可为其他分辨率，否则显示会不正常。如果必须使用其他分辨率的图片，可以向我们定制。

(4) 支持的内核文件格式说明

相对于之前版本的 u-boot，本版本 u-boot 把支持 zImage 格式的内核改成了 uImage，当前版本支持 uImage 格式的内核，不再支持 zImage 格式的内核。所以在编译内核时，需要使用 make uImage 命令进行编译。

注意：默认提供的 u-boot 为一键烧写功能版本源码，如果不想使用一键烧写功能，或者一键烧写功能用到的三个按键与设计冲突，可以使用宏 KEY_BMP_LOGO_ENABLE 来进行控制，注释掉该宏的定义即可。位置在 smdkv210single.h 文件的最后。

默认是如图 3-21 所示的状态：

```
#define KEY_BMP_LOGO_ENABLE
```

图 3-21　默认状态

取消该功能的状态如图 3-22 所示：

```
//#define KEY_BMP_LOGO_ENABLE
```

图 3-22　取消该功能的状态

4　物联网应用 Android 开发环境搭建

4.1　安装 JDK

1) JDK 简介

Java Development Kit(JDK)是太阳微系统针对 Java 开发人员发布的免费软件开发工具包(SDK，Software Development Kit)。自从 Java 推出以来，JDK 已经成为使用最广泛的 Java SDK。由于 JDK 的一部分特性采用商业许可证，而非开源。因此，2006 年太阳微系统宣布将发布基于 GPL 协议的开源 JDK，使 JDK 成为自由软件。在去掉了少量闭源特性之后，太阳微系统最终促成了 GPL 协议 OpenJDK 的发布。

2) JDK 安装

http://www.oracle.com/technetwork/java/javase/downloads/index.html 上下载 JDK 安装包，这里使用 jdk-8-windows-x64.zip 来安装。

将安装包解压缩之后得到 jdk-8-windows-x64.exe，单击进行安装，只需默认安装即可。默认安装路径为 C:\Program Files\Java\jdk1.8.0。

设置环境变量步骤如下：

我的电脑→属性→高级系统设置→高级→环境变量→系统变量中添加以下环境变量(如图 4－1 所示)：

(1) JAVA_HOME 值为：C:\Program Files\Java\jdk1.6.0_18(你安装 JDK 的目录)。

(2) CLASSPATH 值为：.;%JAVA_HOME%\lib\tools.jar;%JAVA_HOME%\lib\dt.jar;%JAVA_HOME%\bin。

(3) Path：在开始追加%JAVA_HOME%\bin。

(4) 安装完成之后，可以检查 JDK 是否安装成

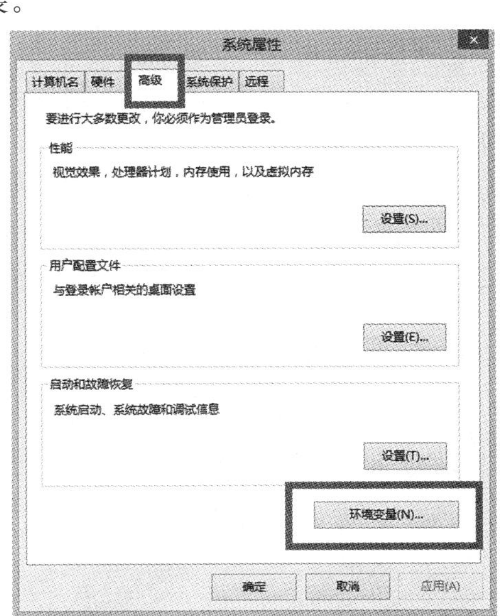

图 4－1　环境变量

功。打开 cmd 窗口，输入

```
java-version
```

查看 JDK 的版本信息。出现类似图 4－2 所示画面表示安装成功。

```
C:\Windows\system32\cmd.exe
Microsoft Windows [版本 6.3.9600]
(c) 2013 Microsoft Corporation。保留所有权利。

:\Users\YAOF>java -version
ava version "1.8.0"
ava(TM) SE Runtime Environment (build 1.8.0-b132)
ava HotSpot(TM) 64-Bit Server VM (build 25.0-b70, mixed mode)

C:\Users\YAOF>
```

图 4－2　java-version

4.2　安装 Eclipse

1）Eclipse 简介

Eclipse 是一个开放源代码、著名的跨平台的自由集成开发环境(IDE)。最初主要用于 Java 语言开发，通过安装不同的插件 Eclipse 可以支持不同的计算机语言，比如 C＋＋和 Python 等开发工具。就其本身而言，它只是一个框架和一组服务，用于通过插件组件构建开发环境。幸运的是，Eclipse 附带了一个标准的插件集，包括 Java 开发工具（Java Development Kit，JDK)，并且众多插件的支持使得 Eclipse 拥有其他功能相对固定的 IDE 软件很难具有的灵活性。许多软件开发商以 Eclipse 为框架开发自己的 IDE。

2）Eclipse 安装

可以去 http://www.eclipse.org/downloads/下载如图 4－3 所示的 Eclipse IDE for Java Developers 的 Win 64bit 版。

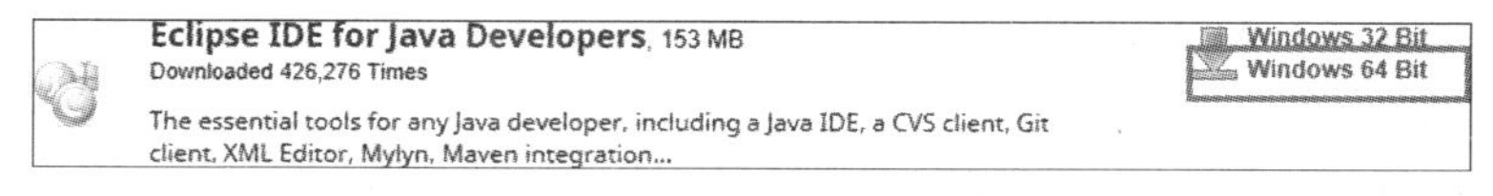

图 4－3　Eclipse IDE for Java Developers

Eclipse 下载解压之后即可使用。

4.3　安装 ADT

ADT 是 Android 开发的 Eclipse 插件，用于打包和封装 Android 应用。

（1）打开 Eclipse，单击菜单 Help→Install New Software…，如图 4－4 所示。

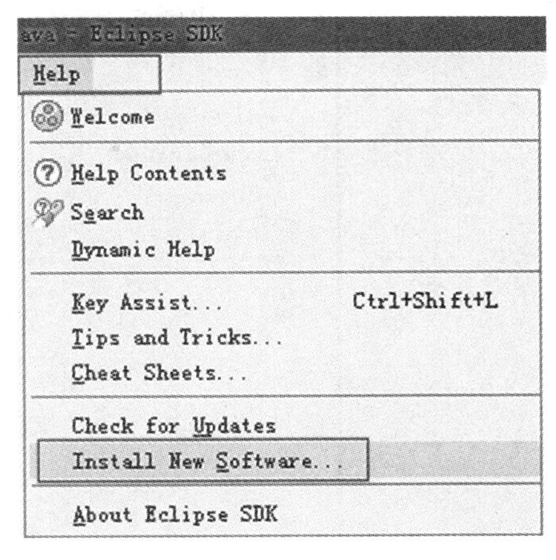

图 4－4　Install New Software…

（2）出现如下界面，并进行如下配置：

输入：https://dl-ssl.google.com/android/eclipse/，选择“Select All”，单击“Next”，进行安装，如图 4－5 所示。

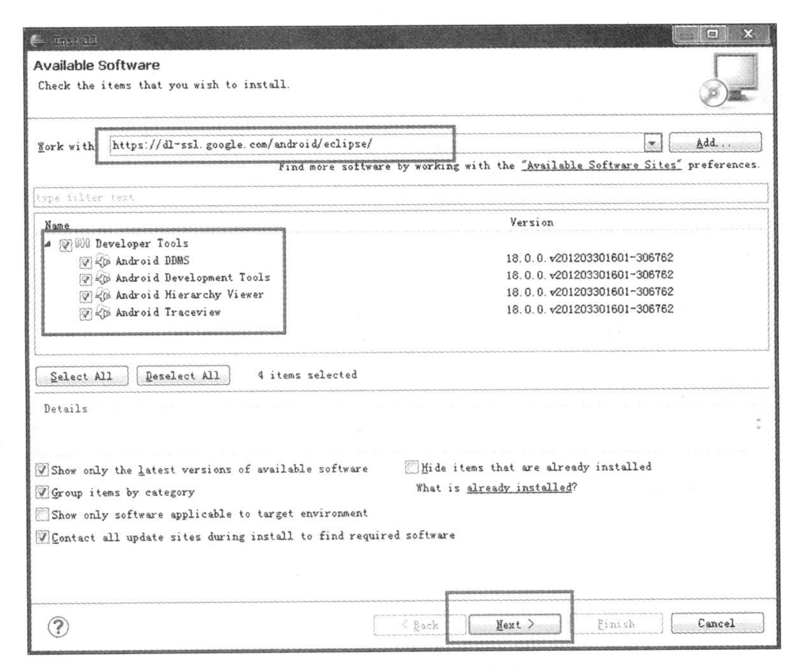

图 4－5　输入网址安装

（3）安装完成之后重新启动 Eclipse，在工具条看到如图 4－6 所示按钮。

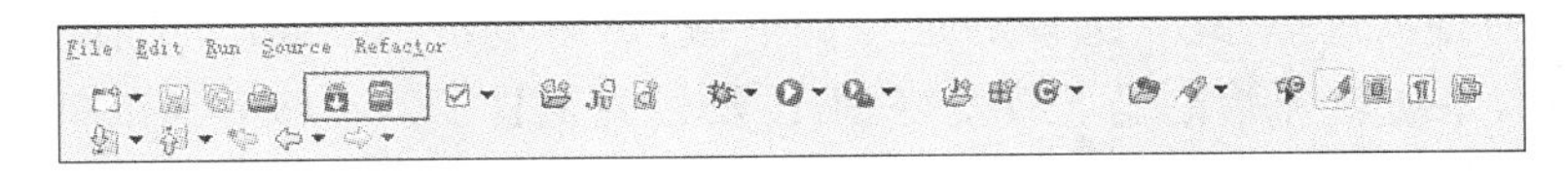

图 4－6　安装后的界面

（4）单击 Eclipse 菜单 Windows→Preferences，弹出如图 4－7 所示窗口，在 SDK 地址中输入 Android SDK 的安装目录，此处为 E:\software\android-sdk-windows，单击“OK”完成设置。

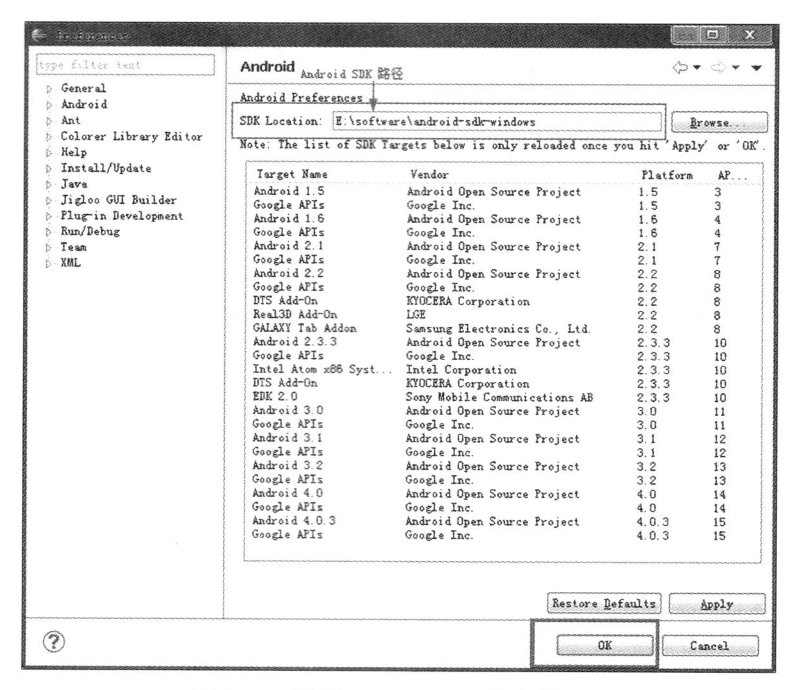

图 4－7　设置 Android SDK 的安装目录

至此，就可在 Eclipse 中开发 Android 应用了。

4.4　导入 SDK 及更新

从官方网站 http://developer.android.com/sdk/index.html 上下载所需版本的 SDK，此处选择下载的是 android-sdk_r16-windows.zip。由于 Google 在 Android 1.6 版本之后就不再提供完整的开发包，所以开发者必须采用在线安装的方式来安装 Android SDK。此处以 Windows 平台为例。

（1）将压缩包解压到自己指定的路径，此处得到的路径是：E:\software\android-sdk-windows

（2）安装 SDK Manager

单击 SDK Manager.exe 文件，界面显示的是 Android 现有的版本，可根据自己的需要下载，但 tools 为必须选择，此处选择的是全部下载，然后单击“Install”，选择“Accept All”，如图 4－8 所示，系统就开始在线下载安装 SDK 及相关工具了。在线安装时间的长短，取决于所需安装文件的数量以及网络状态，时间不会太短，请耐心等待。

安装完成之后，文件夹中增加了如图 4－9 所示文件夹，其中 docs 文件夹存放了 Android SDK 开发文件和 API 文档，platform-tools 文件夹存放了 Android 平台相关工具，samples 文件夹存放了不同 Android 平台的示例程序。

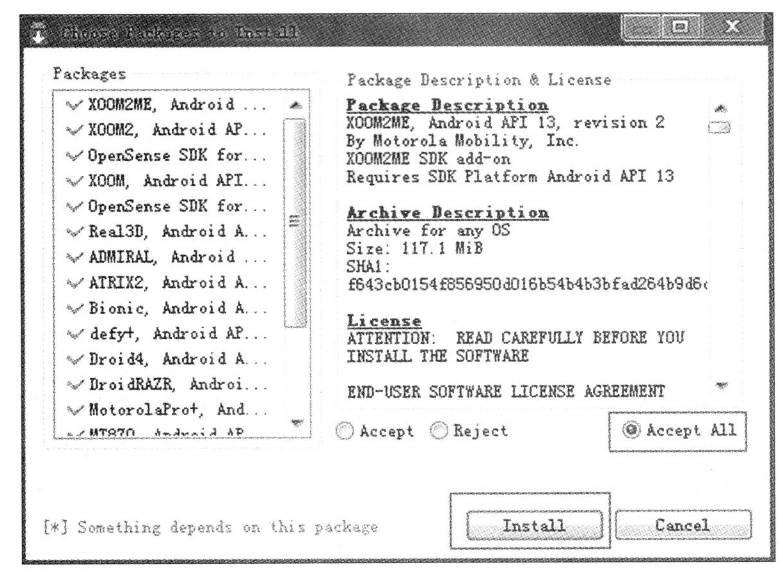

图 4－8　选择要安装的 Android 包

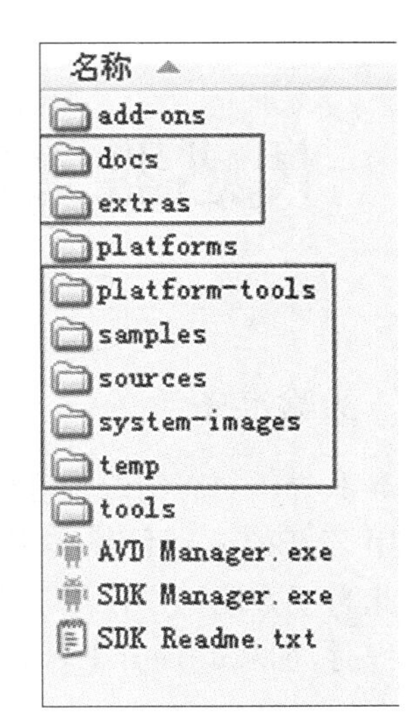

图 4－9　安装后的文件夹结构

(3) SDK 环境变量配置

打开系统环境变量配置，在 PATH 之后添加：

```
E:\software\android-sdk-windows\tools;
E:\software\android-sdk-windows\platform-tools;
```

重新启动计算机。重启计算机以后，进入 cmd 命令窗口，检查 SDK 是否安装成功。

运行 android-h，如果有类似图 4－10 所示的输出，表明安装成功。

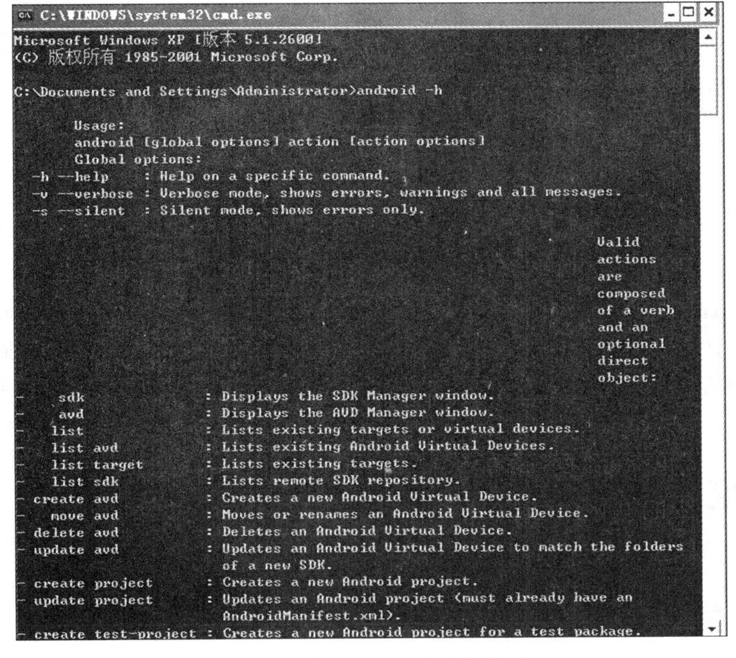

图 4－10　检查 SDK 是否安装成功

5 传感器实验

实验准备

本节详细介绍温湿度传感器和可燃气体传感器数据采集工程的开发。两个工程主要是利用 ZigBee 无线网络实现传感器和系统主机通信，主机和 ZigBee 模块是通过串口通信的，因此为了方便用户使用实训系统串口资源，预设了 libserial_port. so 函数库。创建 Android 工程时，加载 libserial_port. so 即可调用其中的函数库。库函数说明如下：

```
        mFd = open(device.getAbsolutePath(), baudrate);
        if (mFd == null) {
            Log.e(TAG, "native open returns null");
            throw new IOException("native open returns null");
        }
        mFileInputStream = new FileInputStream(mFd);
        mFileOutputStream = new FileOutputStream(mFd);
    }

    // Getters and setters
    public InputStream getInputStream() {
        return mFileInputStream;
    }

    public OutputStream getOutputStream() {
        return mFileOutputStream;
    }

    // JNI
    private native static FileDescriptor open(String path, int baudrate);
    public native void close();
    static {
        System.loadLibrary("serial_port");
    }
```

串口操作主要使用如下函数：

private native static FileDescriptor open(String path, int baudrate); //打开串口；

public native void close(); //关闭串口；

protectd abstract void onDataReceived(final byte[] buffer,final int size); //串口接收函数；

在用户自己建的工程里调用相应的库函数就可以实现对串口的操作，即可将传感器的数值通过主机读取显示出来。

5.1 温湿度传感器实验

1) 实验目的

(1) 了解温湿度传感器的工作原理。

(2) 了解温湿度传感器与网关之间的通信原理。

(3) 熟悉 Android 的开发软件 Eclipse，能初步开发传感器数据采集工程。

2) 实验设备

(1) Microsoft Windows XP 以上操作系统的 PC 机，搭建好 Android 开发环境。

(2) A8 网关一个，上电。

(3) 主机协调器一个，上电。

(4) 温湿度传感器一个，上电。

3) 实验原理

按动 SW1 数据采集按键时，温湿度传感器将数据信息通过 ZigBee 无线传输给主机协调器；主机协调器再通过串口，将接收到的温湿度传感器的数据信息传输给 A8 网关，在这个过程中，A8 网关将通过串口接收到的温湿度传感器的数据信息进行解析，将需要显示的内容通过界面显示出来。

4) 实验步骤

(1) 建立一个新的工程

双击打开 Android 开发工具 Eclipse，打开后显示如图 5－1 所示 Eclipse 窗口。

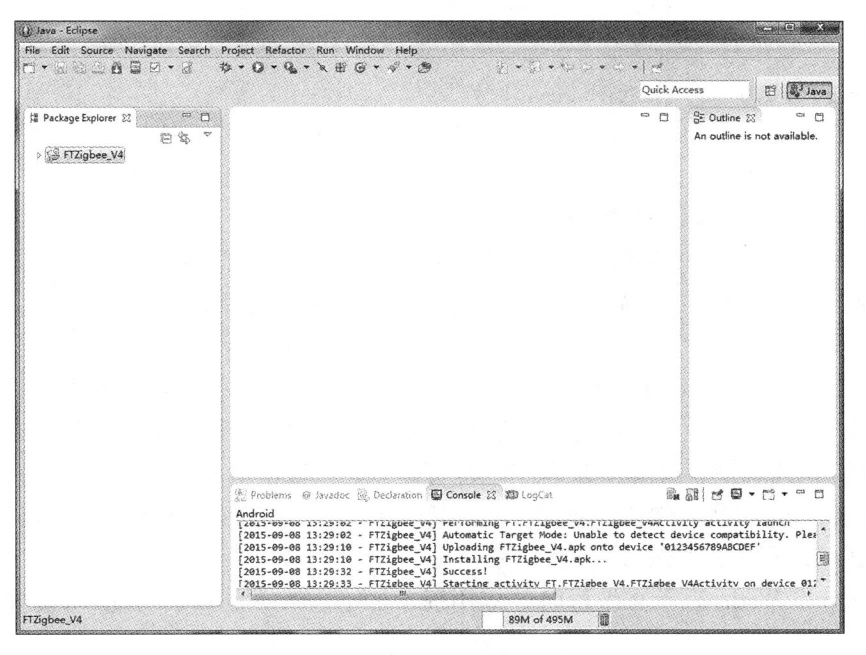

图 5－1　Eclipse 窗口

单击菜单“File”，选择“New”，再单击“Android Application Project”，单击之后会显示如图 5－2 所示的“New Android Application”对话框。

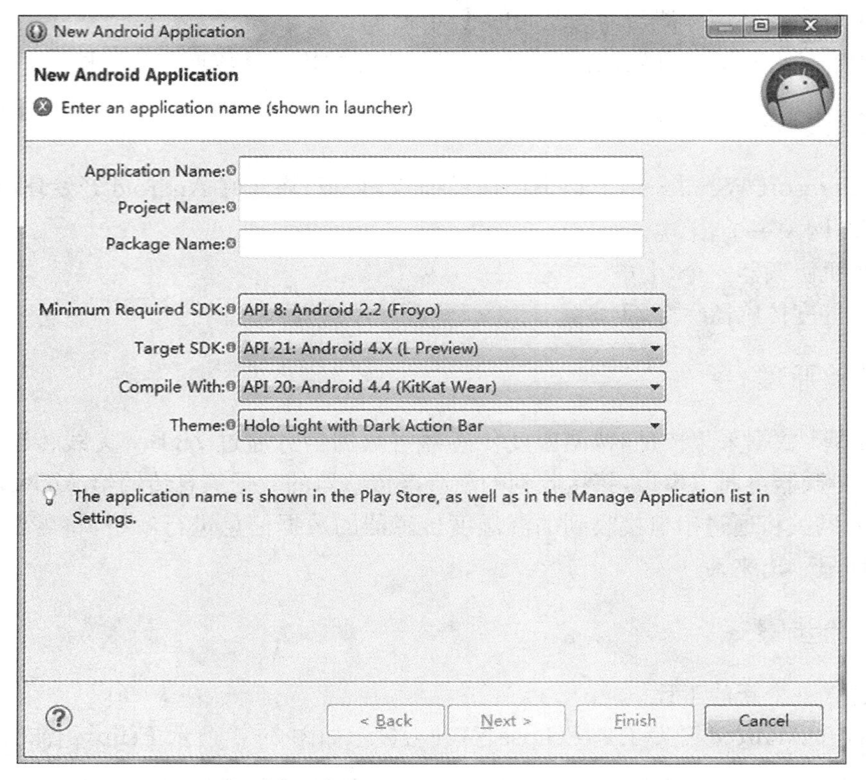

图 5－2 "New Android Application"对话框

在出现的窗口中填写下列内容：

➢ Application Name：应用程序显示给用户的名称。这里使用"FT_Tempreature Humidity"。

➢ Project Name：项目目录，并在 Eclipse 中可见的名称。

➢ Package Name：应用程序包的命名空间（遵循 Java 中相同的规则）。包的名称必须是唯一的，建议使用与组织的反向域名开头的名称。在这个项目中，可以使用"com.fantech.ft_temperaturehumidity"。

➢ Minimum Required SDK：应用程序支持的 Android SDK 的最低版本。为了支持尽可能多的设备，应该设置可以为应用程序提供其核心功能集的最低版本。如果有只在新版本下才支持的功能，并且和核心功能不冲突，可以只在新版本中提供。

➢ Target SDK：代表你已经测试过的最高版本，随着 Android 版本的更新，你应该在新版本中测试应用程序并更新，以符合最新的 API 并利用新的平台功能。

➢ Compile With：表示在编译时的应用程序的平台版本。默认情况下，设置为最新版本 SDK。

➢ Theme：指定适用于该应用程序的 Android UI 风格，可以选择默认。

填写完成之后的界面显示如图 5－3 所示。

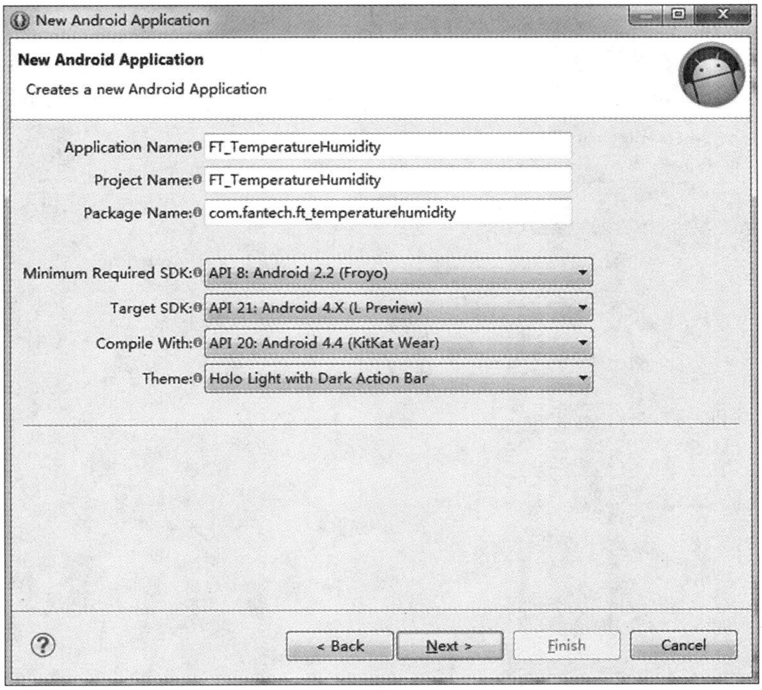

图 5-3　填写完成之后的界面

单击“Next”，进入配置界面，保留默认选项，如图 5-4 所示。

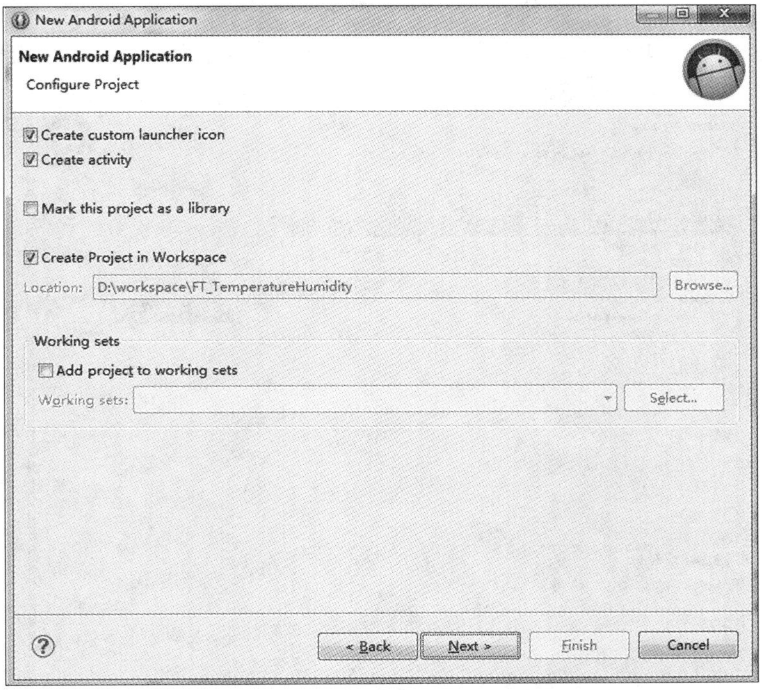

图 5-4　配置界面

单击“Next”,进入下一个界面,这个界面是为你的应用程序创建一个启动图标。你可以用几种不同的方式自定义图标,工具会为所有分辨率的屏幕生成合适的图标,如图 5-5 所示。

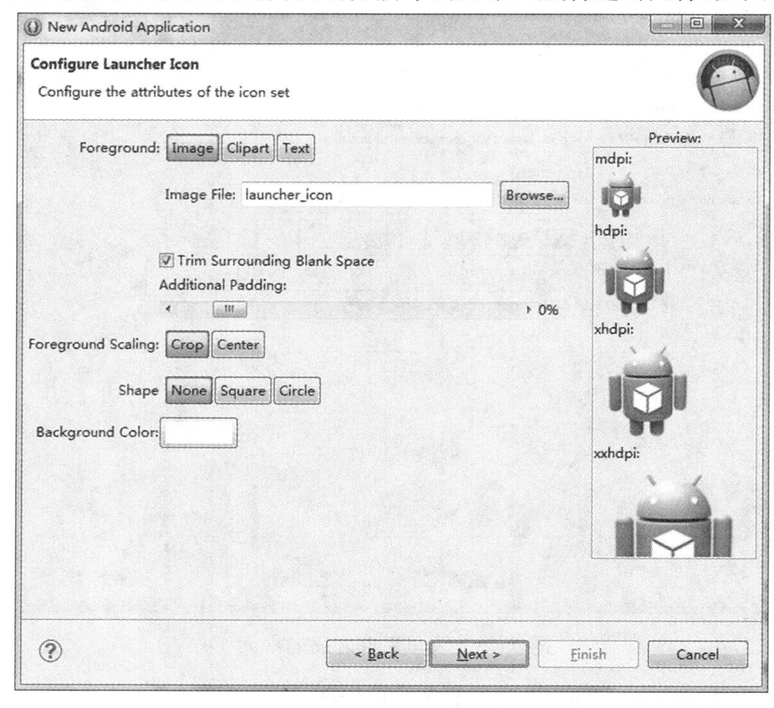

图 5-5 设置应用程序的启动图标

该项目选择默认。单击“Next”,进入“Create Activity”界面,保留默认选项,如图 5-6 所示。

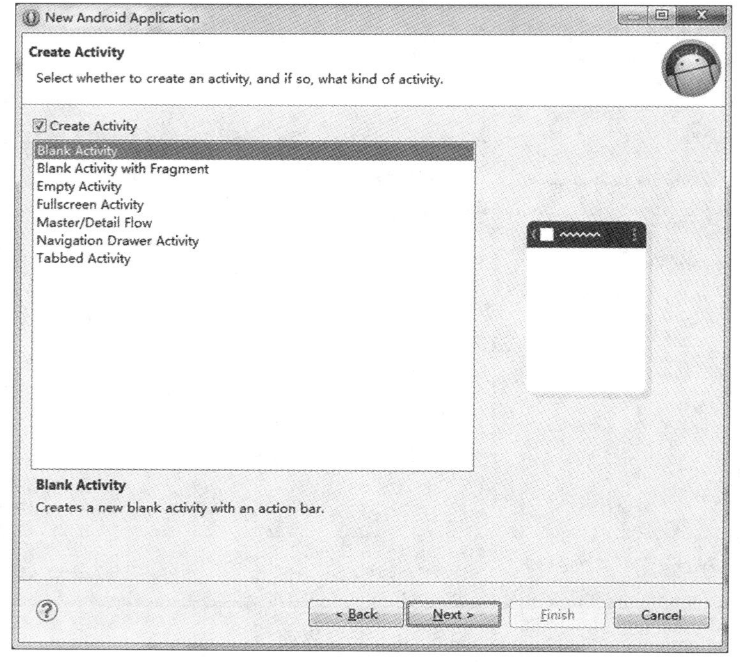

图 5-6 “Create Activity”对话框

单击“Next”，进入“Blank Activity”界面，如图 5－7 所示。

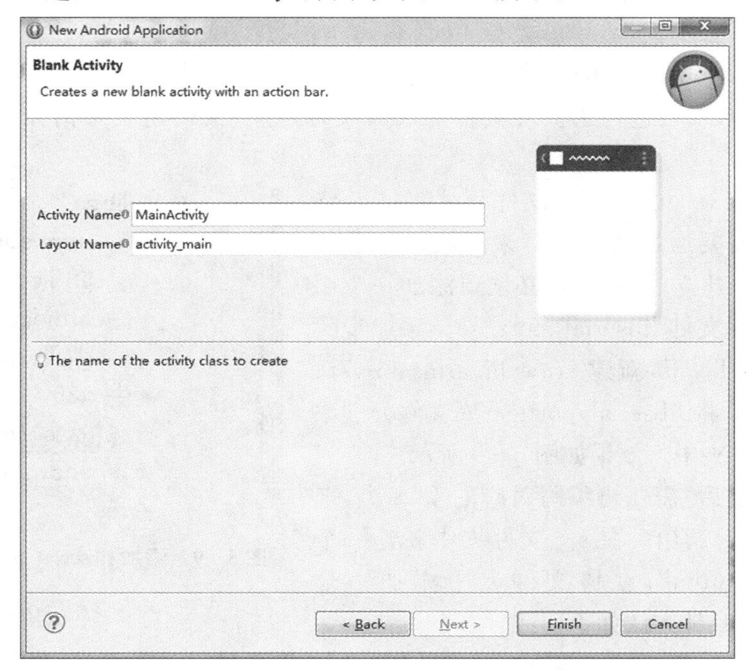

图 5－7　“Blank Activity”对话框

保留默认，单击“Finish”，项目就新建完成，此时 Eclipse 中显示内容如图 5－8 所示。

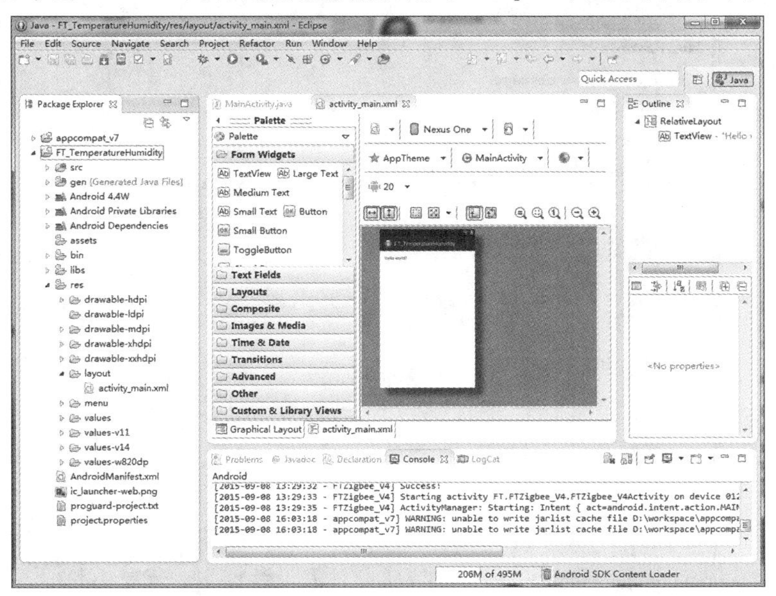

图 5－8　项目新建完成的界面

创建项目后，项目中包含很多文件，下面我们来了解一下相关文件夹的内容。

➢ 文件夹 src：该目录中包含 App 的源文件，默认包含一个 App 运行时启动的 Activity 类。

➢ 文件夹 res：该目录中有几个子目录，其中有文件夹 drawable-hdpi，用于存放在 hdpi

屏幕下可以画出来的资源，还有几个类似的文件夹，分别为不同分辨率屏幕下的 drawable 资源。

➢ 文件夹 layout：里面的文件是用于定义 App 的用户界面。

➢ 文件夹 values：包含了资源集合的 xml 文件，这些文件定义了诸如 string、color 等资源。

（2）添加 libserial_port. so 文件及对应 Java 类

由于我们需要通过使用串口来接收协调器的信息，所以，工程建立之后，我们必须要添加一个用于串口操作的库文件 libserial_port. so。添加步骤如下：在文件夹 lib 下，新建 armeabi、armeabi-v7a、x86 三个文件夹，将 libserial_port. so 库文件分别添加到这三个文件夹中。效果如图 5－9 所示。

图 5－9　添加 libserial_port. so 效果图

添加完成之后，需要再编写对应的 Java 类，来实现对 so 文件的调用。在 src 文件夹中新建一个文件夹“serial. utils”，在该文件夹中添加一个“SerialPort”类，具体方法如下：

① 右击文件夹“src”，选择“New”，单击“Package”，会显示一个窗口，在窗口中填入文件夹名字“serial. utils”，如图 5－10 所示。然后单击“Finish”，文件夹就新建成功了。

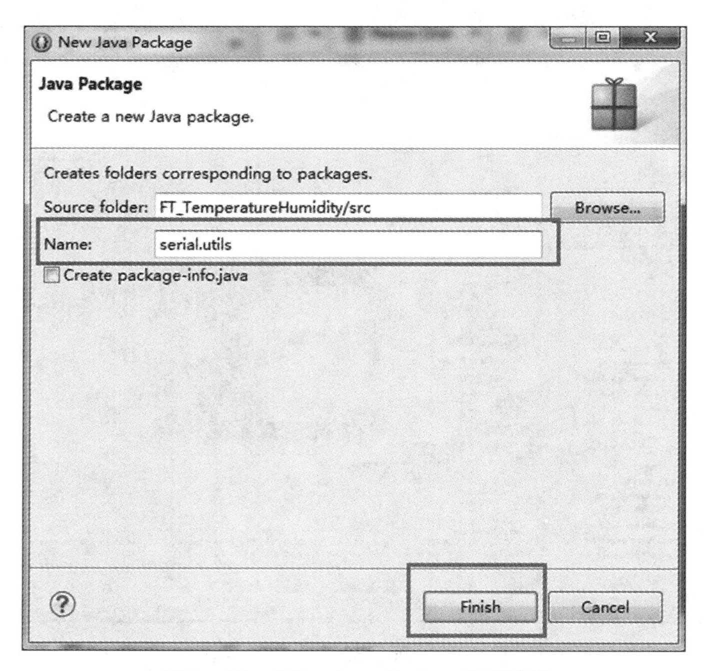

图 5－10　“New Java Package”对话框

② 右击文件夹“serial. utils”，选择“New”，单击“Class”，在显示的窗口中填写类名“SerialPort”，并单击“Finish”，这个类就生成了，填写内容如图 5－11 所示。

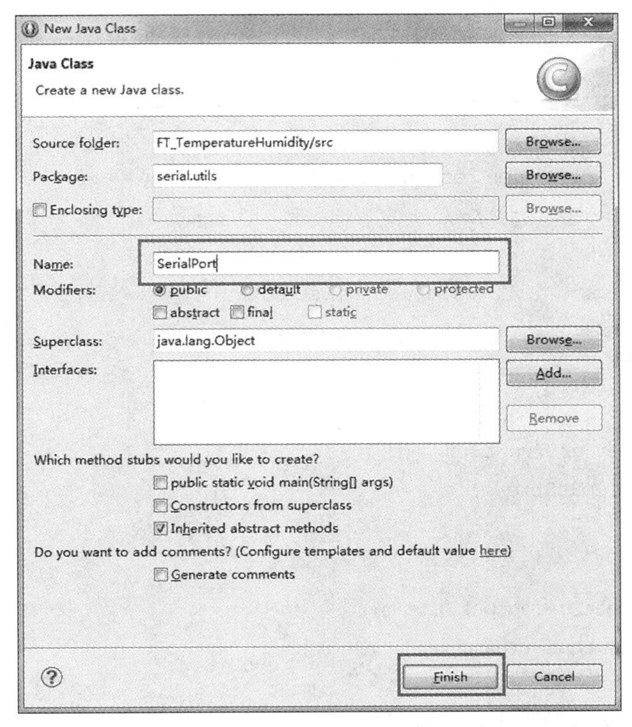

图 5－11　“New Java Class”对话框

③ 填写这个类的代码，这个类需要实现的功能为串口的初始化、输入数据、输出数据。关键代码如下：

◆ 串口初始化：

```
    throws SecurityException, IOException
public SerialPort(File device, int baudrate, int nBits, char nEvent,int nStop,int flags)
  {
  /* Check access permission * /
  if (! device.canRead() || ! device.canWrite()) {
    try {
      /* Missing read/write permission, trying to chmod the file * /
      Process su;
      su = Runtime.getRuntime().exec("/system/bin/su");
      String cmd = "chmod 666" + device.getAbsolutePath() + "\n"+ "exit\n";
      su.getOutputStream().write(cmd.getBytes());
      if ((su.waitFor() ! = 0) || ! device.canRead()|| ! device.canWrite()) {
        throw new SecurityException();
      }
    } catch (Exception e) {
      e.printStackTrace();
      throw new SecurityException();
```

```
        }
      }
      mFd = open(device.getAbsolutePath(), baudrate, nBits, nEvent, nStop, flags);
      if (mFd == null) {
        Log.e(TAG, "native open returns null");
        throw new IOException();
      }
      mFileInputStream = new FileInputStream(mFd);
      mFileOutputStream = new FileOutputStream(mFd);
    }
```

◆ 输入数据：

```
public InputStream getInputStream() {
    return mFileInputStream;
  }
```

◆ 输出数据：

```
public OutputStream getOutputStream() {
    return mFileOutputStream;
  }
```

◆ 静态装入 so 文件，声明 JNI 接口类：

```
private native static FileDescriptor open(String path,
    int baudrate,//波特率
    int nBits,//数据位
    char nVerify,//偶校验位
    int nStop,//停止位
    int flags);
public native void close();
public native int sri_Init();
public native void sri_DeInit();
public native int sri_IOCTL(int controlcode);
public native int write( byte[] data);
public native int read( byte[] buf, int len);
public native int select(int sec, int usec);
static {
  System.loadLibrary("serial_port");
}
```

④ SerialPort 类添加完成之后，需要再在文件夹“com. fantech. ft_temperaturehumidity”中添加一个 Activity，用于打开串口，开启串口接收线程。具体操作如下：

右击文件夹“com. fantech. ft_temperaturehumidity”，选择“New”，单击“Other”，选择“Android”下的“Android Activity”，单击“Next”，保持默认信息，单击“Next”，在接下来的窗口中填写该 Activity 名称“SerialPortActivity”，并单击“Finish”，填写内容如图 5 - 12 所示。

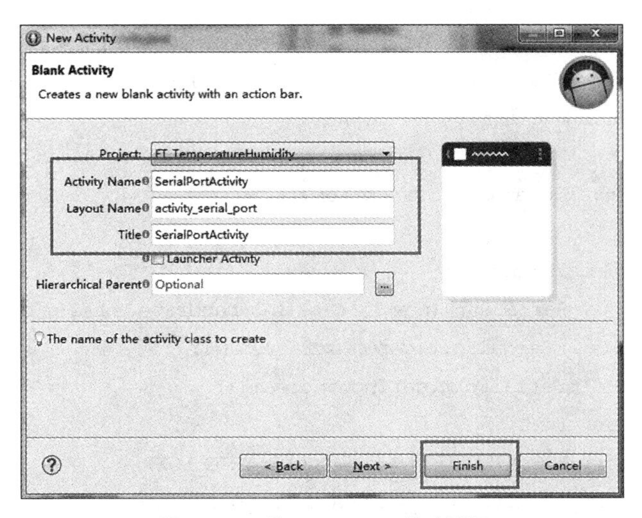

图 5-12　"New Activity"对话框

⑤ 填写 Activity 的内容，这个 Activity 需要实现的功能为打开串口，串口数据类型转换处理，开启串口接收线程，关键代码如下：

◆ 串口数据类型转换处理，将接收到的 Byte 类型的数组转换成 String 类型的字符串：

```
public static String bytesToHexString(byte[] src){
  StringBuilder stringBuilder = newStringBuilder("");
  if (src = = null || src.length < = 0) {
    return null; }
  for (int i = 0; i < src.length; i+ + ) {
    int v = src[i] & 0xFF;
    String hv = Integer.toHexString(v);
    if (hv.length() < 2) {
      stringBuilder.append(0); }
    stringBuilder.append(hv); }
  return stringBuilder.toString();
}
```

◆ 打开串口：

```
private void OpenPort() throws SecurityException, IOException
{
  if(mSerialPort= = null)
  {
    String path = "/dev/ttySAC0";//串口地址
  int baudrate = Integer.decode("38400");//波特率
  int nbits = Integer.decode("8");//数据位
  int nstop = Integer.decode("1");//停止位

  String sVerify = "N";
```

```
        char cVerify = sVerify.charAt(0);//偶校验位
        if ( (path.length() == 0) || (baudrate == -1) || nbits == -1
        ||nstop == -1 || cVerify == 'C')
        {
          throw new InvalidParameterException();
        }
        /* Open the serial port */
      mSerialPort = new SerialPort(new File(path), baudrate, nbits, cVerify, nstop, 0);
        mOutputStream = mSerialPort.getOutputStream();
        mInputStream = mSerialPort.getInputStream();
        mSerialPort.sri_Init();
        mSerialPort.sri_IOCTL(IOCTRL_PMU_BARCODE_TRIG_LOW);
        mSerialPort.sri_IOCTL(IOCTRL_PMU_BARCODE_ON);
        mSerialPort.sri_IOCTL(IOCTRL_PMU_RFID_ON);
        mReadThread = new ReadThread();
        mReadThread.start();
      }
      else
      {
        return;
      }

    }
```

◆ 开启串口接收线程：

```
private class ReadThread extends Thread {
  public void run() {
    super.run();
    while(true) {
      try {
        int num= mInputStream.available();
        byte[] buff = new byte[num];
        int ret= 0;
        ret = mInputStream.read(buff);
        if(ret> 15)
        {
          onDataReceived(buff, ret);
        }
      } catch (Exception e) {
        e.printStackTrace();
        return;
        }
```

```
            }
        }
    }
```

◆ 定义一个抽象的方法，让所有继承这个 Activity 的类都要重写这个方法，这个方法主要是用于处理串口接收到的数据。

```
protected abstract void onDataReceived(final byte[] buffer, final int size);
```

(3) 添加界面控件

完成上节的内容之后，我们设计程序界面，添加界面显示的控件，可以将采集到的传感器的数据显示到界面上。这次温湿度的采集实验，我们主要用到的控件为“TextView”。每一个 Activity 都有对应的一个 xml 文件，用于添加该界面下的控件。这个工程中的主界面对应的 xml 文件为“activity_main. xml”，存放于文件夹“res”下的“layout”文件夹中，如图 5－13 所示。

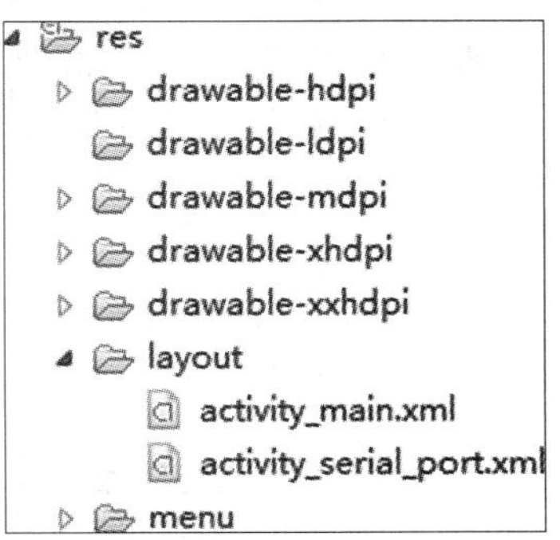

图 5－13　xml 文件存放的位置

① 打开“activity_main. xml”，显示如图 5－14 所示。

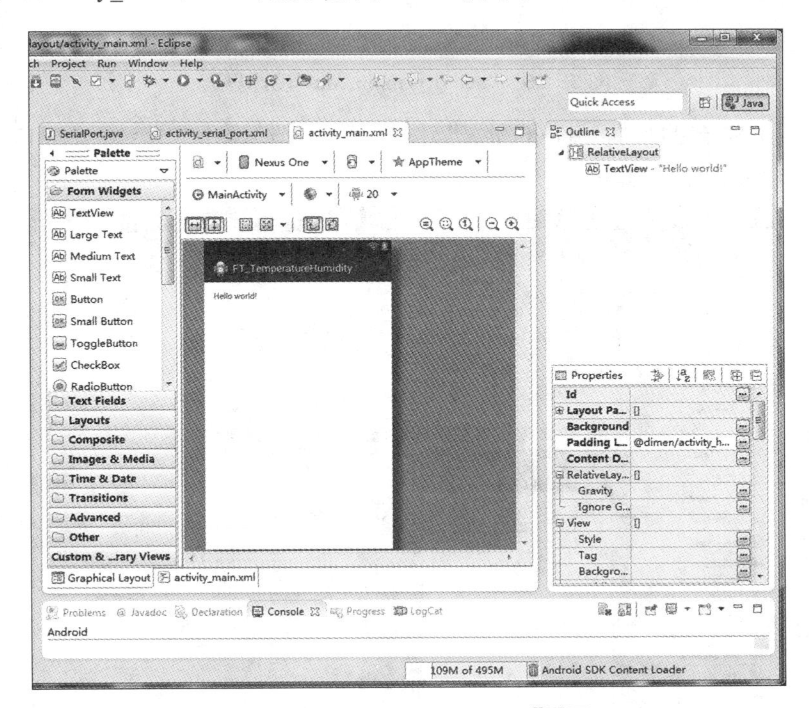

图 5－14　“activity_main. xml”界面

在这个界面中，有 2 个选项卡，“Graphical Layout”显示的是图像界面，如图 5－15 所示，在添加控件时，只需要将左边的控件拖动至空白处需要的位置，然后在右边的“Properies”中修改这个控件的参数；另一个选项卡“activity_main. xml”显示的是代码界面，如图 5－15，在这个界面中，添加控件时，需要自己编写代码，将代表该控件的代码编写到这个界面中，并在这段代码中进行对该控件参数的修改。

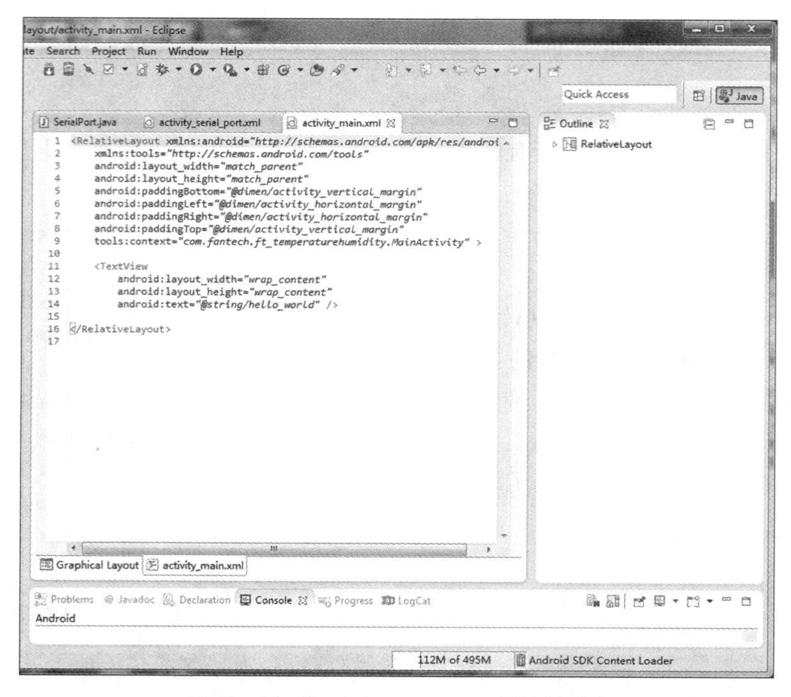

图 5-15 "activity_main.xml"设计界面

② 将文件中原有的控件"TextView"显示的"Hello world"改成"温湿度传感器",如图 5-16 所示。操作步骤如下:

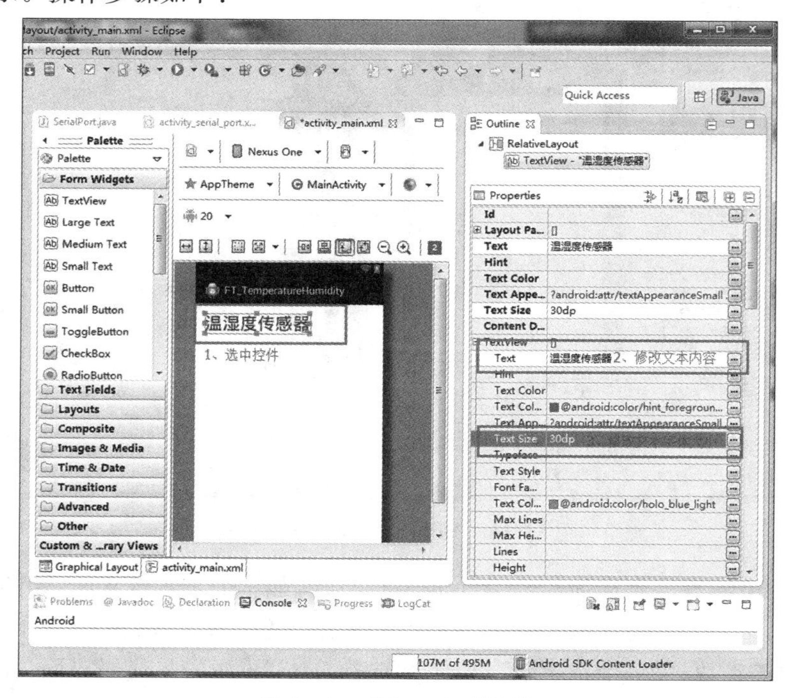

图 5-16 "TextView"控件

◆ 选中控件
◆ 修改文本内容
◆ 修改文本字体大小

③ 添加一个“TextView”控件，修改文字为“MAC 地址：”（图 5－17），字体大小为“20dp”。操作步骤如下：

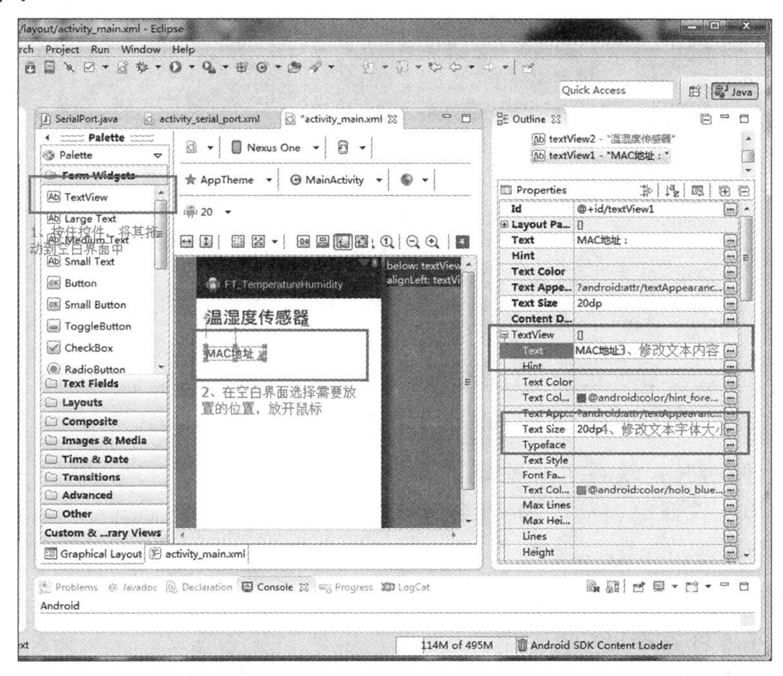

图 5－17　添加“TextView”控件

◆ 按住控件，将其拖动到空白界面中
◆ 在空白界面选择需要放置的位置，放开鼠标
◆ 修改文本内容
◆ 修改文本字体大小

④ 按照上述方法，拖动第二个“TextView”，修改内容为“温度：”，字体大小为“20dp”，第三个“TextView”，修改内容为“湿度：”，字体大小为“20dp”，如图 5－18 所示。

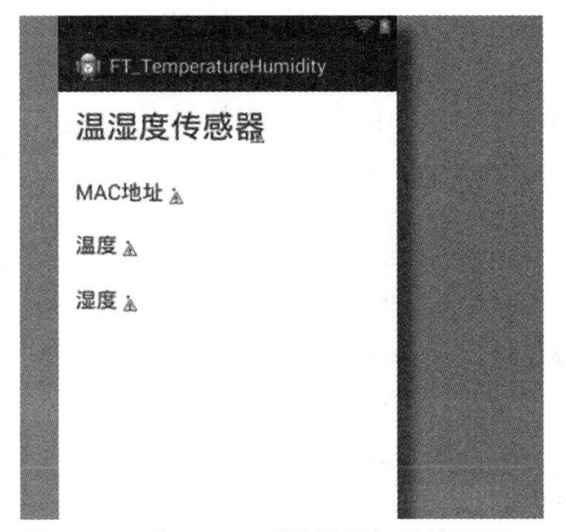

图 5－18　“TextView”控件添加后的界面

⑤ 按照上述方法，再添加一个“TextView”，这个控件用于显示接收到的传感器的 MAC 地址。在设置这个控件时，需要给这个控件添加一个 ID，用于在 Activity 中可以找到这个控件，并对这个控件的内容进行修改。将这个控件的 ID 修改为“text_mac”，内容为“此处显示 MAC 地址”，字体大小修改为“20dp”，如图 5－19 所示。步骤如下：

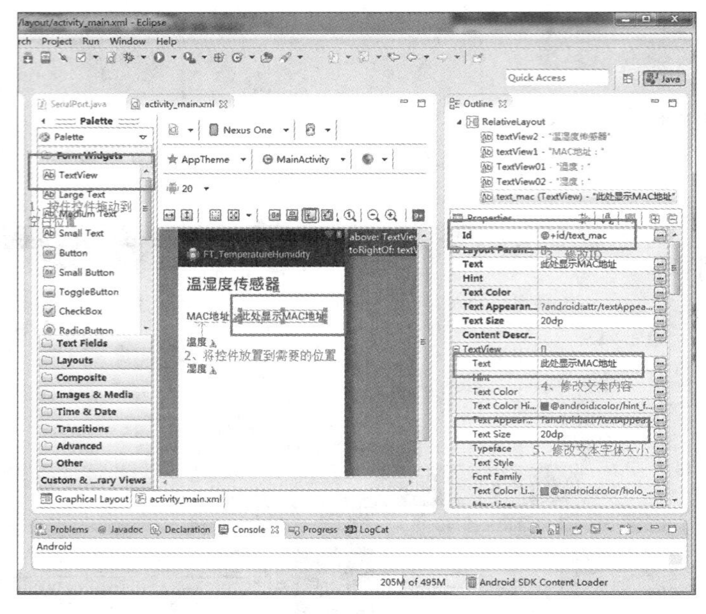

图 5－19　显示 MAC 地址的控件

◆ 按住控件，将其拖动到空白界面中

◆ 在空白界面选择需要放置的位置，放开鼠标

◆ 修改 ID“@＋id/text_mac”

◆ 修改文本内容

◆ 修改文本字体大小

⑥ 按照上述方法，再添加 2 个“TextView”控件，分别用来显示接收到的传感器的温度值和湿度值，将对应控件的 ID 修改为“@＋id/text_temp”和“@＋id/text_hum”。将内容修改为“此处显示温度值”和“此处显示湿度值”，如图 5－20 所示。

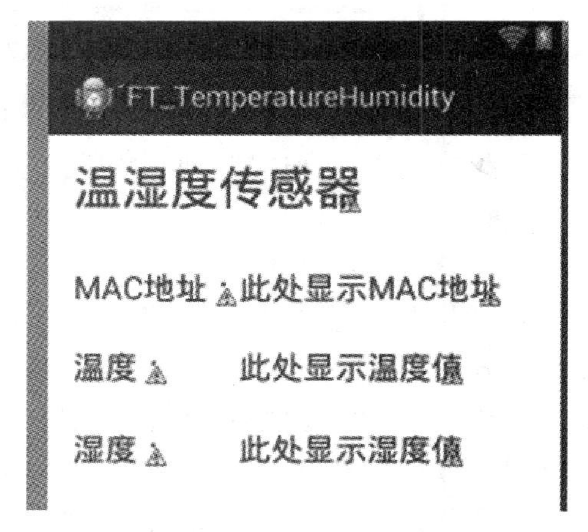

图 5－20　界面设计图

⑦ 上述添加控件的方法是在选项卡“Graphical Layout”中做的，我们也可以在选项卡“activity_main. xml”中进行代码的编写，最终代码如下：

```
< TextView
    android:id= "@ + id/textView2"
    android:layout_width= "wrap_content"
    android:layout_height= "wrap_content"
    android:text= "温湿度传感器"
    android:textSize= "30dp" />
< TextView
    android:id= "@ + id/textView1"
    android:layout_width= "wrap_content"
```

```
    android:layout_height= "wrap_content"
    android:layout_alignLeft= "@ + id/textView2"
    android:layout_below= "@ + id/textView2"
    android:layout_marginTop= "33dp"
    android:text= "MAC 地址:"
    android:textSize= "20dp" />
< TextView
    android:id= "@ + id/TextView01"
    android:layout_width= "wrap_content"
    android:layout_height= "wrap_content"
    android:layout_alignLeft= "@ + id/textView1"
    android:layout_below= "@ + id/textView1"
    android:layout_marginTop= "26dp"
    android:text= "温度:"
    android:textSize= "20dp" />
< TextView
    android:id= "@ + id/TextView02"
    android:layout_width= "wrap_content"
    android:layout_height= "wrap_content"
    android:layout_alignLeft= "@ + id/TextView01"
    android:layout_below= "@ + id/TextView01"
    android:layout_marginTop= "28dp"
    android:text= "湿度:"
    android:textSize= "20dp" />
< TextView
    android:id= "@ + id/text_mac"
    android:layout_width= "wrap_content"
    android:layout_height= "wrap_content"
    android:layout_above= "@ + id/TextView01"
    android:layout_toRightOf= "@ + id/textView1"
    android:text= "此处显示 MAC 地址"
    android:textSize= "20dp" />
< TextView
    android:id= "@ + id/text_temp"
    android:layout_width= "wrap_content"
    android:layout_height= "wrap_content"
    android:layout_above= "@ + id/TextView02"
    android:layout_toRightOf= "@ + id/textView1"
    android:text= "此处显示温度值"
android:textSize= "20dp" />
< TextView
```

```
        android:id= "@ + id/text_hum"
        android:layout_width= "wrap_content"
        android:layout_height= "wrap_content"
        android:layout_alignBaseline= "@ + id/TextView02"
        android:layout_alignBottom= "@ + id/TextView02"
        android:layout_alignLeft= "@ + id/text_temp"
        android:text= "此处显示湿度值"
    android:textSize= "20dp" />
```

（4）编写 Activity 代码

① 打开文件夹“src”→“com. fantech. ft_temperaturehumidity”文件夹中的“MainActivity. java”文件。

② 这个类原来是继承的“Activity”，现在需要将它更改为继承“SerialPortActivity”，此时会出现一个错误，将鼠标放在错误上，系统会提示需要重写这个类中的抽象方法，单击这个提示中的选项“Add unimplemented methds”，系统会自动给这个类添加这个方法，如图 5－21 所示。

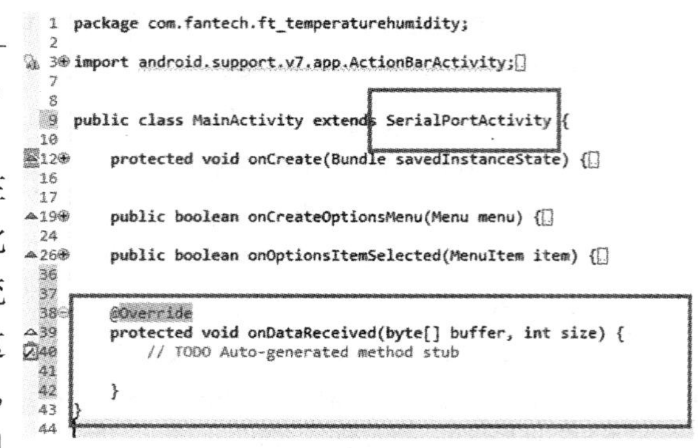

图 5－21　类添加方法

③ 声明控件，并给这个变量赋值，获得这个控件的对象实例。

```
//声明控件
private TextView text_temp= null;//温度
private TextView text_hum= null;//湿度
private TextView text_mac= null;//MAC 地址
//获得这个控件的对象实例
text_temp= (TextView)findViewById(R.id.text_temp);
text_hum= (TextView)findViewById(R.id.text_hum);
text_mac= (TextView)findViewById(R.id.text_mac);
```

④ 下面我们就要在需要重写的 onDataReceiver()方法中填写串口接收到数据之后对数据处理的代码，这里需要参考温湿度的数据格式，如表 5－1 所示。

表 5－1　温湿度数据格式

标志	长度	父节点地址		原始地址		类型	数值			
OXFD(OXFA)	0X06	0X00	0X00	0X00	0X00	E	0X00	0X00	0X00	0X00
校验和	MAC 地址								/	/
0X00	0X00	0X00	0X00	0X00	0X00	0X00	0X00	0X00	/	/

具体代码如下：

```
runOnUiThread(new Runnable() {//接收数据线程
  public void run() {
```

```
{ //对接收到的数据根据温湿度的数据格式进行比对
  if(buffer[0]= = (byte)0xFD||buffer[0]= = (byte)0xFA)
  { //判断类型是否为“E”,类型“E”代表的是温湿度
    if((buffer[6]= = (byte)'E'))
    { //判断接收到的校验位的值是否正确
      if (buffer[11]= = (byte)((buffer[6]+ buffer[7]
         + buffer[8]+ buffer[9]+ buffer[10])% 256))
        {//截取温湿度传感器的 MAC 地址
        int jj= 0;
        int ibegin= (int)buffer[1];
        String smacaddr= "";
        for(int ic= (6+ ibegin- 8);ic< (6+ ibegin- 8)+ 8;ic+ + )
        {
          macaddr[jj]= buffer[ic];
          + + jj;
          smacaddr+ = String.format("% 02x", buffer[ic]);
        }
        //修改控件 text_mac 显示的内容为获取到的传感器的 MAC 地址
        text_mac.setText(smacaddr);
        //截取温湿度传感器的温度值
        String str= String.format("% d",buffer[9]);
        str= str+ String.format(".% d",buffer[10]);
        //修改控件 text_temp 显示的内容为获取到的温度值 text_temp.setText(str+ "摄氏度");
        //截取温湿度传感器的湿度值
        str= String.format("% d",buffer[7]);
        str= str+ String.format(".% d",buffer[8]);
        //修改控件 text_hum 显示的内容为获取到的湿度值
        text_hum.setText(str+ "RH% ");
      }
    }
  }
}}});
```

⑤ 代码编写完成之后，右击项目“FT_TemperatureHumidity”，选择“Run As”，单击“Android Application”运行这个项目。运行结束之后，在文件夹“bin”中会出现一个文件“FT_TemperatureHumidity.apk”，如图 5-22 所示，这个就是我们需要的在 A8 设备上运行安装的 App。

assets
bin
dexedLibs
res
AndroidManifest.xml
classes.dex
FT_TemperatureHumidity.apk
jarlist.cache
R.txt
resources.ap_
libs

图 5-22　APK 文件

5) 实验结果

(1) 安装 APK

① 把生成的"FT_TemperatureHumidity. apk"拷贝到 TF 内存卡中。

② TF 卡插到 A8 主机上。

③ A8 主机上电，将协调器和温湿度节点上电。

④ 把这个 APK 文件安装到 A8 主机上。

⑤ 单击运行，出现如图 5－23 所示界面。

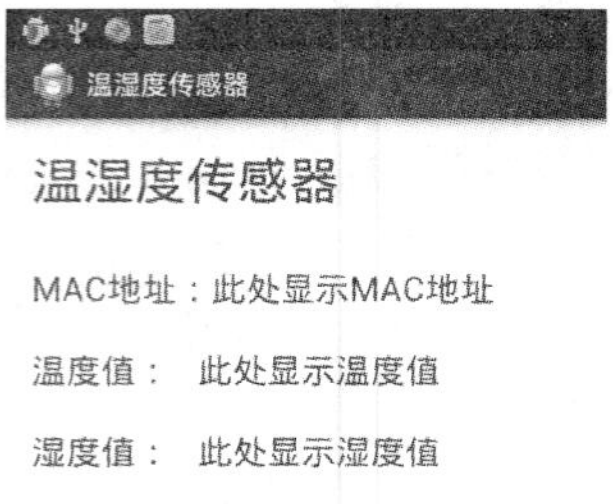

温湿度传感器

温湿度传感器

MAC地址：此处显示MAC地址

温度值：　此处显示温度值

湿度值：　此处显示湿度值

图 5－23　APK 运行界面

(2) 采集传感器数据

按动温湿度传感器的"SW1"按键，可以看到"D2"灯闪了一下，此时就可以在 A8 主机界面上看到这个温湿度传感器的数据信息，如图 5－24 所示。

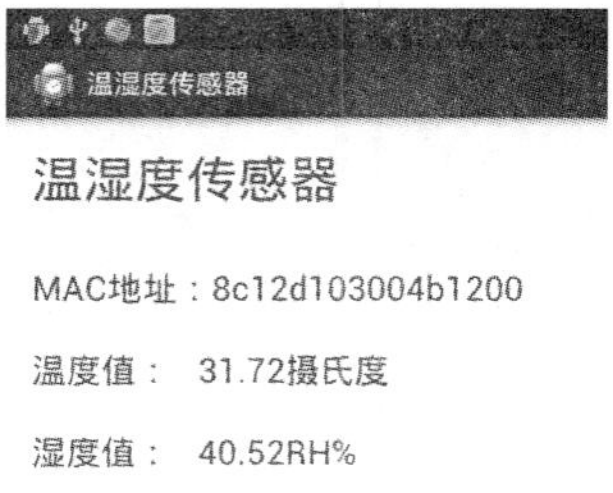

温湿度传感器

温湿度传感器

MAC地址：8c12d103004b1200

温度值：　31.72摄氏度

湿度值：　40.52RH%

图 5－24　传感器数据显示界面

连续按动几次"SW1"按键时，可以看到温度值和湿度值是实时变化的。也可以按动"SW2"按键，这个按键是指温湿度传感器定时发送数据信息。

用户可以用手捂住温度传感器来给传感器增温，按动按键时，可以看到温度和湿度值都是上升的；松开之后，按动按键时，可以看到显示的值是越来越低的。

5.2　可燃气体传感器实验

1) 实验目的

(1) 了解可燃气体传感器的工作原理。

(2) 了解可燃气体传感器与网关之间的通信原理。

(3) 熟悉 Android 的开发软件 Eclipse，能开发传感器数据采集工程。

2) 实验设备

(1) Microsoft Windows XP 以上操作系统的 PC 机，搭建好 Android 开发环境。

(2) A8 网关一个，上电。

(3) 主机协调器一个，上电。

(4) 可燃气体传感器一个，上电。

3) 实验原理

按动 SW1 数据采集按键时，可燃气体传感器将数据信息通过 ZigBee 无线传输给主机协调器；主机协调器再通过串口，将接收到的可燃气体传感器的数据信息传输给 A8 网关，在

这个过程中，A8 网关将通过串口接收到的可燃气体传感器的数据信息进行解析，将需要显示的内容通过界面显示出来。

4）实验步骤

（1）建立一个新的工程

双击打开 Android 开发工具 Eclipse，打开后显示如图 5－25 所示窗口。

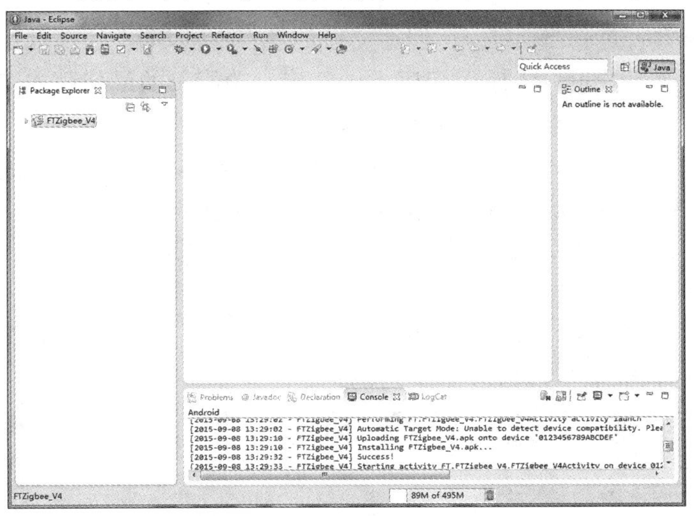

图 5－25　Eclipse 窗口

点击菜单“File”，选择“New”，再点击“Android Application Project”，点击之后会显示如图 5－26 所示的对话框。

New Android Application

New Android Application

Enter an application name (shown in launcher)

Application Name:

Project Name:

Package Name:

Minimum Required SDK: API 8: Android 2.2 (Froyo)

Target SDK: API 21: Android 4.X (L Preview)

Compile With: API 20: Android 4.4 (KitKat Wear)

Theme: Holo Light with Dark Action Bar

The application name is shown in the Play Store, as well as in the Manage Application list in Settings.

< Back　Next >　Finish　Cancel

图 5－26　“New Android Application”对话框

在出现的窗口中填写内容：

➢ Application Name：应用程序显示给用户的名称。这里使用“FT_CombustibleGas”。

➢ Project Name：项目目录，并在 Eclipse 中可见的名称。

➢ Package Name：应用程序包的命名空间（遵循 Java 中相同的规则）。包的名称必须是唯一的，建议使用与组织的反向域名开头的名称。在这个项目中，可以使用“com. fantech. ft_combustiblegas”。

➢ Minimum Required SDK：应用程序支持的 Android SDK 的最低版本。为了支持尽可能多的设备，应该设置可以为应用程序提供其核心功能集的最低版本。如果有只在新版本下才支持的功能，并且和核心功能不冲突，可以只在新版本中提供。

➢ Target SDK：代表你已经测试过的最高版本，随着 Android 版本的更新，你应该在新版本中测试应用程序并更新，以符合最新的 API 并利用新的平台功能。

➢ Compile With：表示在编译时的应用程序的平台版本。默认情况下，设置为最新版本 SDK。

➢ Theme：指定适用于该应用程序的 Android UI 风格，可以选择默认。

填写完成之后的界面显示如图 5－27 所示。

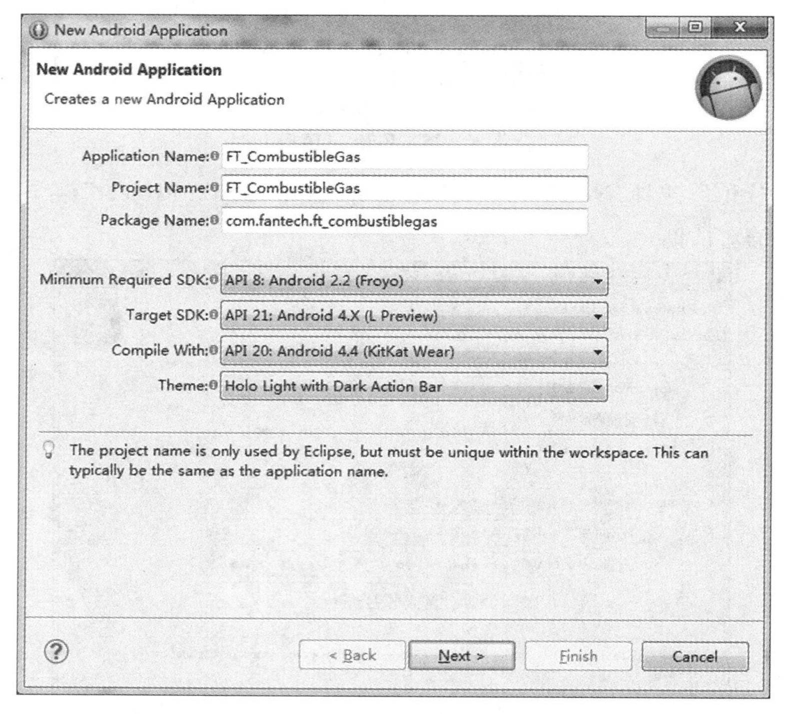

图 5－27　填写完成之后的界面

点击“Next”，进入下一个界面，保留默认选项，如图 5－28 所示。

点击“Next”，进入下一个界面，这个界面是为你的应用程序创建一个启动图标。你可以用几种不同的方式自定义图标，工具会为所有分辨率的屏幕生成合适的图标，如图 5－29 所示。

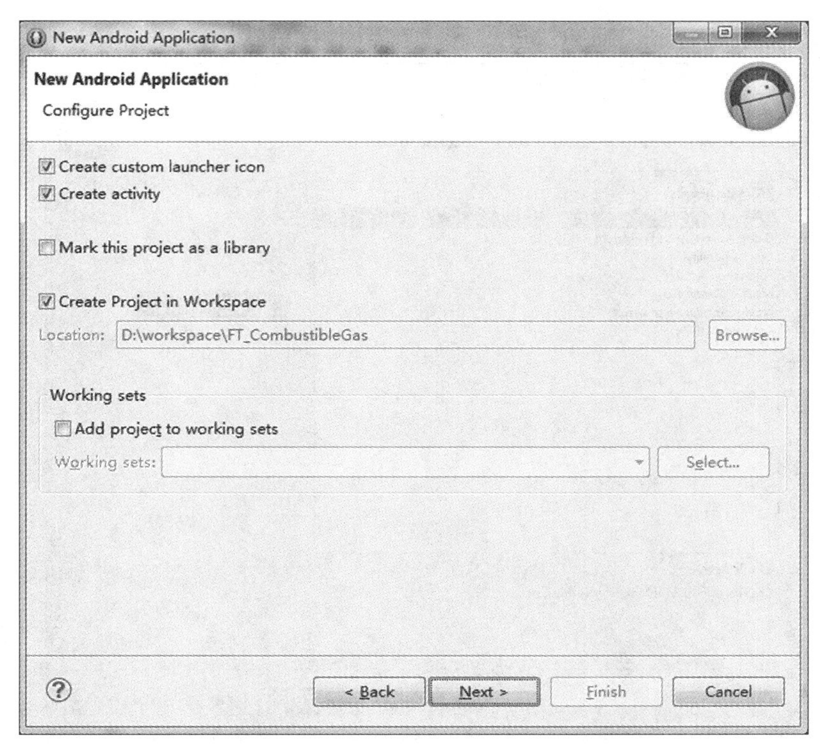

图 5－28　配置界面

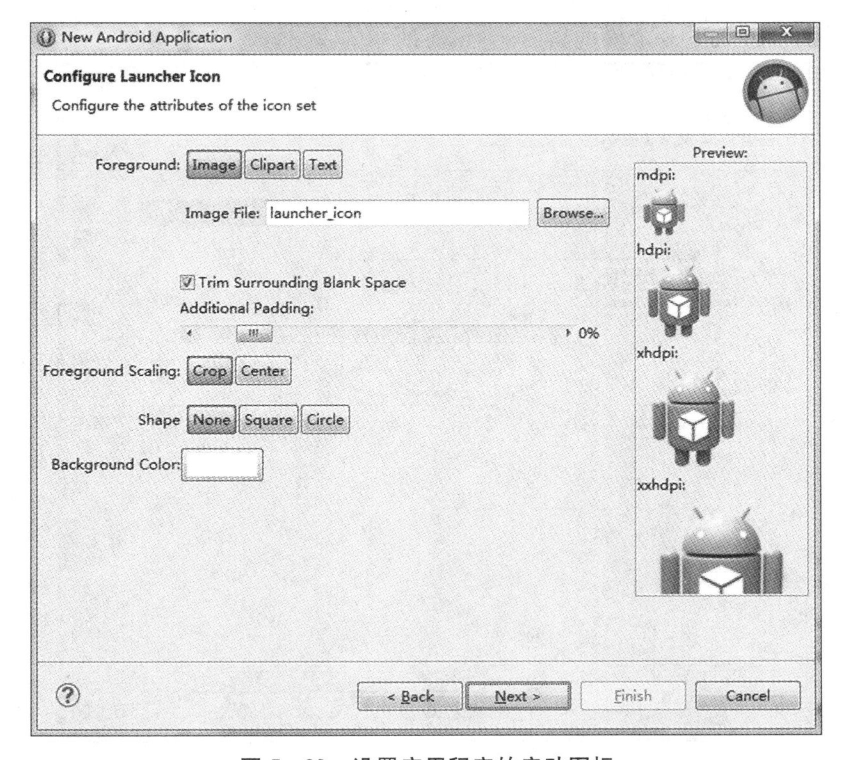

图 5－29　设置应用程序的启动图标

该项目选择默认。点击“Next”，进入下一个界面，保留默认选项，如图 5－30 所示。

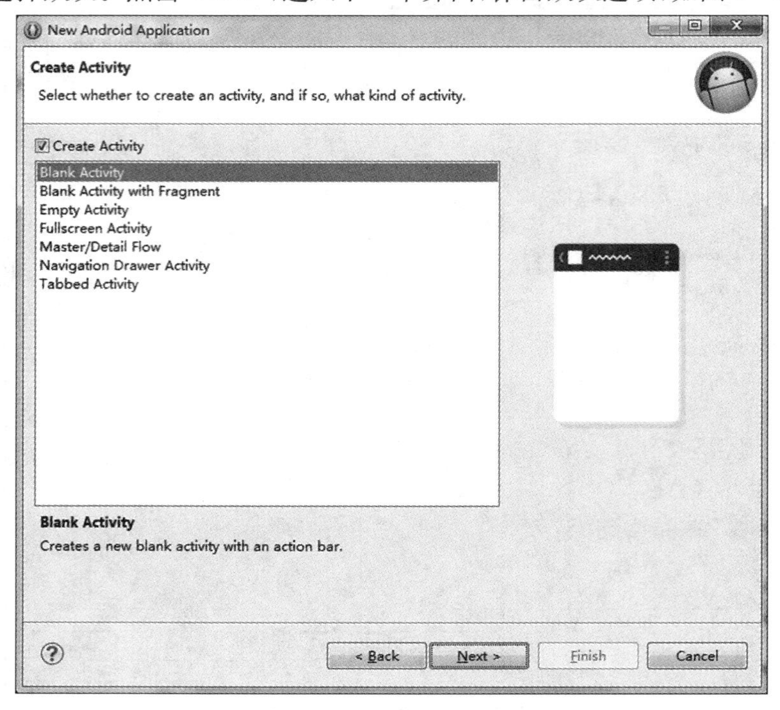

图 5－30 “Create Activity”对话框

点击“Next”，进入下一个界面，如图 5－31 所示。

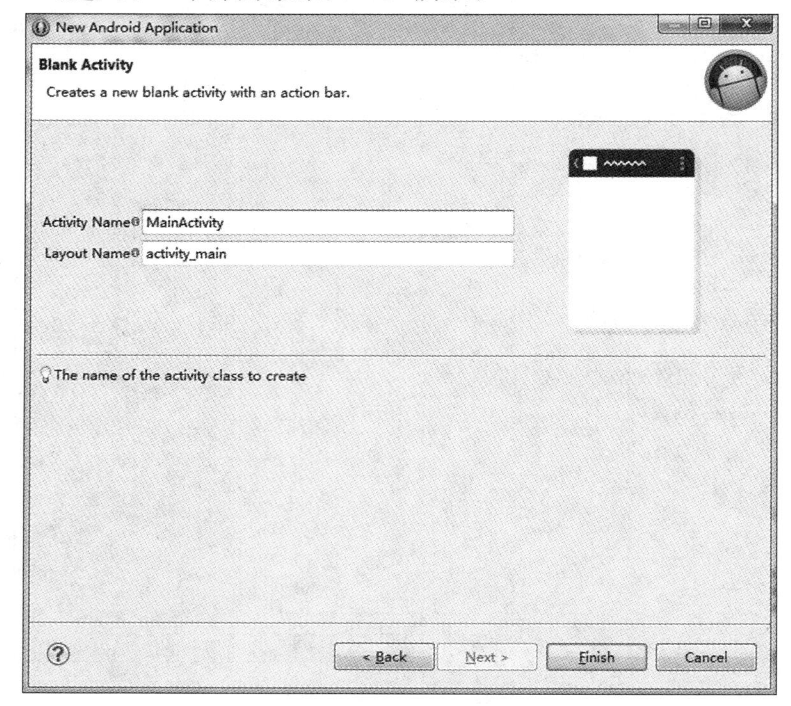

图 5－31 “Blank Activity”对话框

保留默认，点击“Finish”，项目就新建完成了，此时 Eclipse 中显示内容如图 5－32 所示。

图 5－32　项目新建完成的界面

创建项目后，项目中包含很多的文件，下面我们来了解一下相关文件夹的内容。

➢ 文件夹 src：该目录中包含 App 的源文件，默认包含一个 App 运行时启动的 Activity 类。

➢ 文件夹 res：该目录中有几个子目录，其中有文件夹 drawable-hdpi，用于存放在 hdpi 屏幕下可以画出来的资源，还有几个类似的文件夹，分别为不同分辨率屏幕下的 drawable 资源；文件夹 layout 里面的文件是用于定义 App 的用户界面；文件夹 values 包含了资源集合的 xml 文件，这些文件定义了诸如 string、color 等资源。

(2) 添加 libserial_port. so 文件及对应 Java 类

由于我们需要通过使用串口来接收协调器的信息，所以，工程建立之后，我们必须要添加一个用于串口操作的库文件 libserial_port. so，这个文件在光盘上可以下载到。添加步骤如下：在文件夹 libs 下，新建 armeabi、armeabi-v7a、x86 三个文件夹，将 libserial_port. so 库文件分别添加到这三个文件夹中。效果如图 5－33 所示。

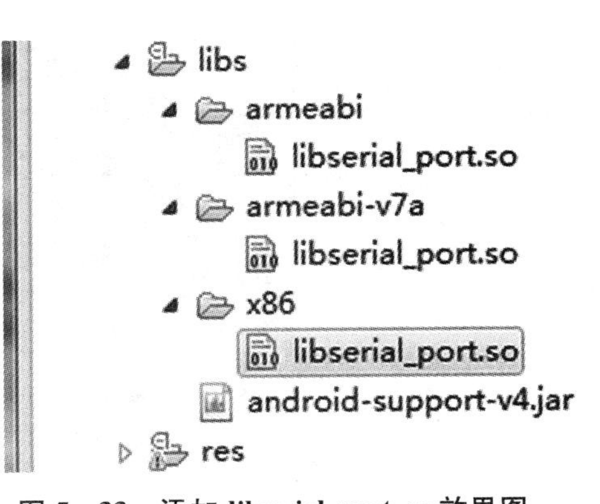

图 5－33　添加 libserial_port. so 效果图

添加完成之后，需要再编写对应的 Java 类来实现对 so 文件的调用。在 src 文件夹中新建一个文件夹“serial. utils”，在该文件夹中添加一个“SerialPort”类，具体方法如下：

➢ 右击文件夹“src”，选择“New”，点击“Package”，会显示一个窗口，在窗口中填入文件夹名字“serial. utils”，如图 5－34 所示。然后点击“Finish”，文件夹就新建成功了。

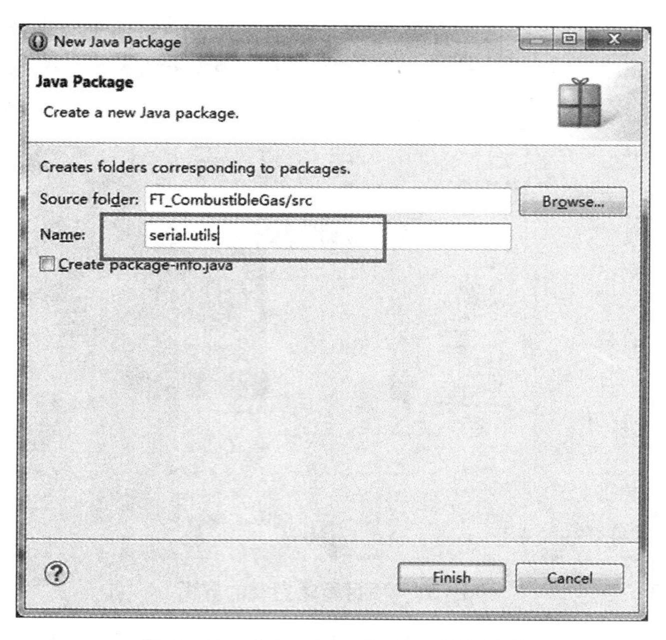

图 5 - 34 “New Java Package”对话框

➢ 右击文件夹“serial. utils”，选择“New”，点击“Class”，在显示的窗口中填写类名“SerialPort”，并点击“Finish”，这个类就生成了，填写内容如图 5 - 35 所示。

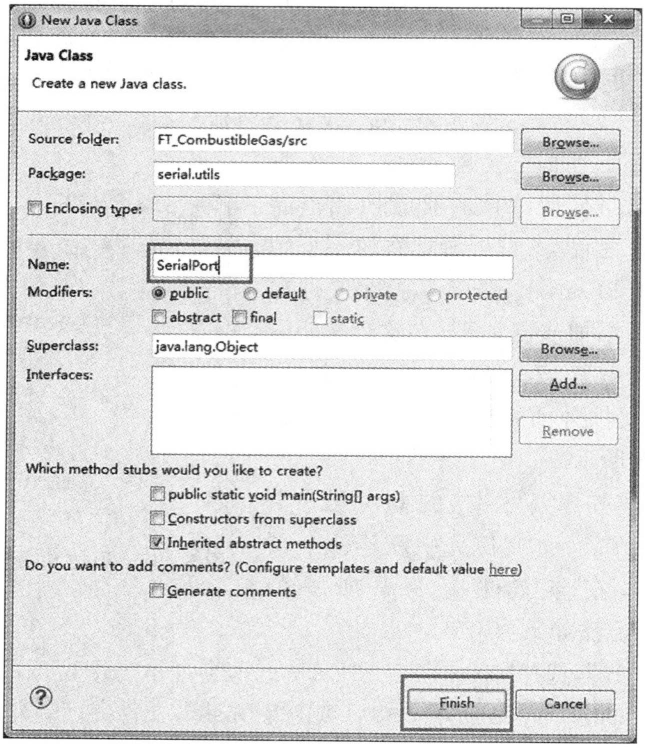

图 5 - 35 “New Java Class”对话框

➢ 填写这个类的代码，这个类需要实现的功能为串口的初始化、输入数据、输出数据。关键代码如下：

◆ 串口初始化：

```
public SerialPort(File device, int baudrate, int nBits, char nEvent,int nStop,int flags)
    throws SecurityException, IOException
  {
  /* Check access permission * /
  if (! device.canRead() || ! device.canWrite()) {
    try {
      /* Missing read/write permission, trying to chmod the file * /
      Process su;
      su = Runtime.getRuntime().exec("/system/bin/su");
      String cmd = "chmod 666 " + device.getAbsolutePath() + "\n"+ "exit\n";
      su.getOutputStream().write(cmd.getBytes());
      if ((su.waitFor() ! = 0) || ! device.canRead()|| ! device.canWrite()) {
        throw new SecurityException();
      }
    } catch (Exception e) {
      e.printStackTrace();
      throw new SecurityException();
    }
  }
  mFd = open(device.getAbsolutePath(), baudrate, nBits, nEvent, nStop, flags);
  if (mFd = = null) {
    Log.e(TAG, "native open returns null");
    throw new IOException();
  }
  mFileInputStream = new FileInputStream(mFd);
  mFileOutputStream = new FileOutputStream(mFd);
}
```

◆ 输入数据：

```
public InputStream getInputStream() {
    return mFileInputStream;
  }
```

◆ 输出数据：

```
public OutputStream getOutputStream() {
    return mFileOutputStream;
  }
```

◆ 静态装入 so 文件，声明 JNI 接口类：

```
private native static FileDescriptor open(String path,
```

```
        int baudrate,//波特率
        int nBits,//数据位
        char nVerify,//偶校验位
        int nStop,//停止位
        int flags);
    public native void close();
    public native int sri_Init();
    public native void sri_DeInit();
    public native int sri_IOCTL(int controlcode);
    public native int write( byte[] data);
    public native int read( byte[] buf, int len);
    public native int select(int sec, int usec);
    static {
      System.loadLibrary("serial_port");
    }
```

SerialPort 类添加完成之后，需要再在文件夹“com. fantech. ft_combustiblegas”中添加一个 Activity，用于打开串口，开启串口接收线程。具体操作如下：

➢ 右击文件夹“com. fantech. ft_combustiblegas”，选择“New”，点击“Other”，选择“Android”下的“Android Activity”，点击“Next”，保持默认信息，点击“Next”，在接下来的窗口中填写该 Activity 名称“SerialPortActivity”，并点击“Finish”。填写内容如图 5-36 所示。

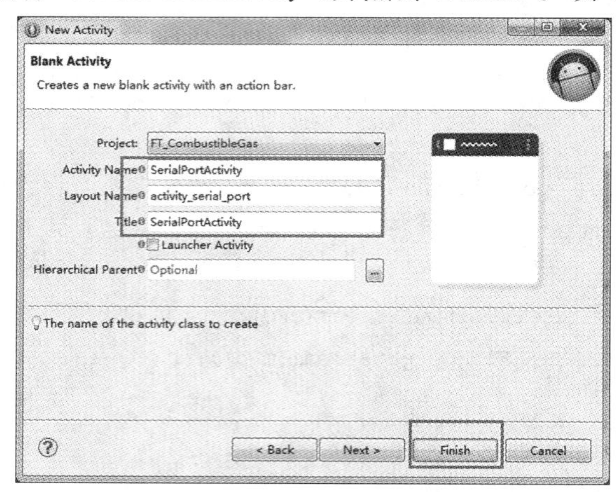

图 5-36 “New Activity”对话框

➢ 填写这个 Activity 的内容，这个 Activity 需要实现的功能为打开串口、串口数据类型转换处理、开启串口接收线程。关键代码如下：

◆ 串口数据类型转换处理，将接收到的 Byte 类型的数组转换成 String 类型的字符串：

```
public static String bytesToHexString(byte[] src){
  StringBuilder stringBuilder =  newStringBuilder("");
  if (src = =  null || src.length < =  0) {
    return null; }
```

```
    for (int i =  0; i <  src.length; i+ + ) {
      int v =  src[i] & 0xFF;
      String hv = Integer.toHexString(v);
      if (hv.length() <  2) {
        stringBuilder.append(0); }
      stringBuilder.append(hv); }
    return stringBuilder.toString();
  }
```

◆ 打开串口：

```
  private void OpenPort() throws SecurityException, IOException
  {
    if(mSerialPort= = null)
    {
      String path = "/dev/ttySAC0";//串口地址
    int baudrate =  Integer.decode("38400");//波特率
    int nbits =  Integer.decode("8");//数据位
    int nstop =  Integer.decode("1");//停止位

    String sVerify = "N";
    char cVerify =  sVerify.charAt(0);//偶校验位
    if ( (path.length() = =  0) || (baudrate = =  - 1) || nbits = =  - 1
    ||nstop = =  - 1 || cVerify = =  'C')
    {
      throw new InvalidParameterException();
    }
    /*  Open the serial port * /
  mSerialPort =  new SerialPort(new File(path), baudrate, nbits, cVerify, nstop, 0);
    mOutputStream =  mSerialPort.getOutputStream();
    mInputStream =  mSerialPort.getInputStream();
    mSerialPort.sri_Init();
    mSerialPort.sri_IOCTL(IOCTRL_PMU_BARCODE_TRIG_LOW);
    mSerialPort.sri_IOCTL(IOCTRL_PMU_BARCODE_ON);
    mSerialPort.sri_IOCTL(IOCTRL_PMU_RFID_ON);
    mReadThread =  new ReadThread();
    mReadThread.start();
  }
  else
  {
    return;
  }
```

```
}
```

◆ 开启串口接收线程：

```
private class ReadThread extends Thread {
  public void run() {
    super.run();
    while(true) {
      try {
        int num= mInputStream.available();
        byte[] buff =  new byte[num];
        int ret= 0;
        ret =  mInputStream.read(buff);
        if(ret> 15)
        {
          onDataReceived(buff, ret);
        }
      } catch (Exception e) {
        e.printStackTrace();
        return;
        }
      }
    }
}
```

◆ 定义一个抽象的方法，让所有继承这个 Activity 的类都要重写这个方法，这个方法主要是用于处理串口接收到的数据。

```
protected abstract void onDataReceived(final byte[] buffer, final int size);
```

(3) 添加界面控件

完成上节内容之后，我们要添加一下界面显示的控件，可以将采集到的传感器的数据显示到界面上。这次可燃气体的采集实验我们主要用到的控件为“TextView”。每一个 Activity 都有对应的一个 xml 文件，用于添加该界面下的控件。这个工程中的主界面对应的 xml 文件为“activity_main. xml”，存放于文件夹“res”下的“layout”文件夹中，如图 5 - 37 所示。

res
drawable-hdpi
drawable-ldpi
drawable-mdpi
drawable-xhdpi
drawable-xxhdpi
layout
activity_main.xml
activity_serial_port.xml
menu

图 5 - 37　xml 文件的存放位置

➢ 打开“activity_main. xml”，显示如图 5 - 38 所示。

在这个界面中，有 2 个选项卡，“Graphical Layout”显示的是图像界面，如图 5 - 39，在添加控件时，只需要将左边的控件拖动至空白处需要的位置，然后在右边的“Properties”中修改这个控件的参数；另一

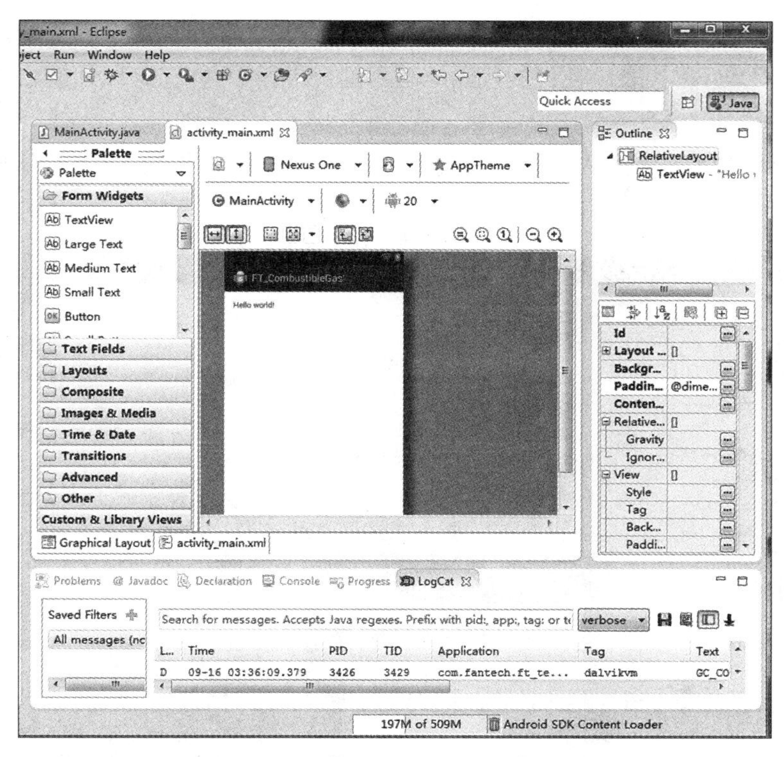

图 5－38　“activity_main. xml”界面

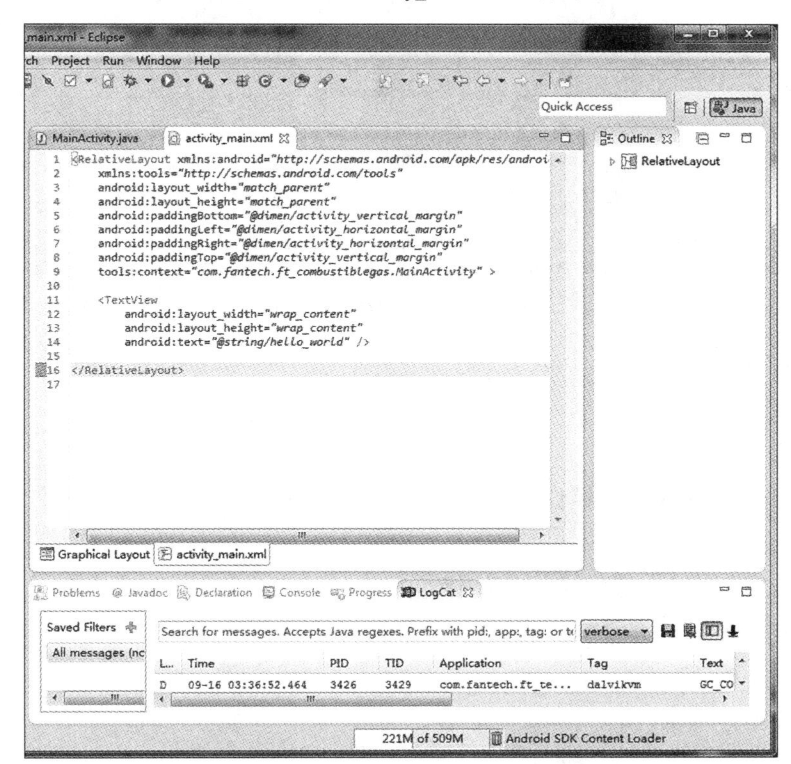

图 5－39　“activity_main. xml”设计界面

个选项卡“activity_main.xml”，显示的是代码界面，如图 5－39，在这个界面中，添加控件时，需要自己编写代码，将代表该控件的代码编写到这个界面中，并在这段代码中进行对该控件参数的修改。

➢ 将文件中原有的控件“TextView”显示的“Hello world”改成“可燃气体传感器模块”，如图 5－40 所示。步骤如下：

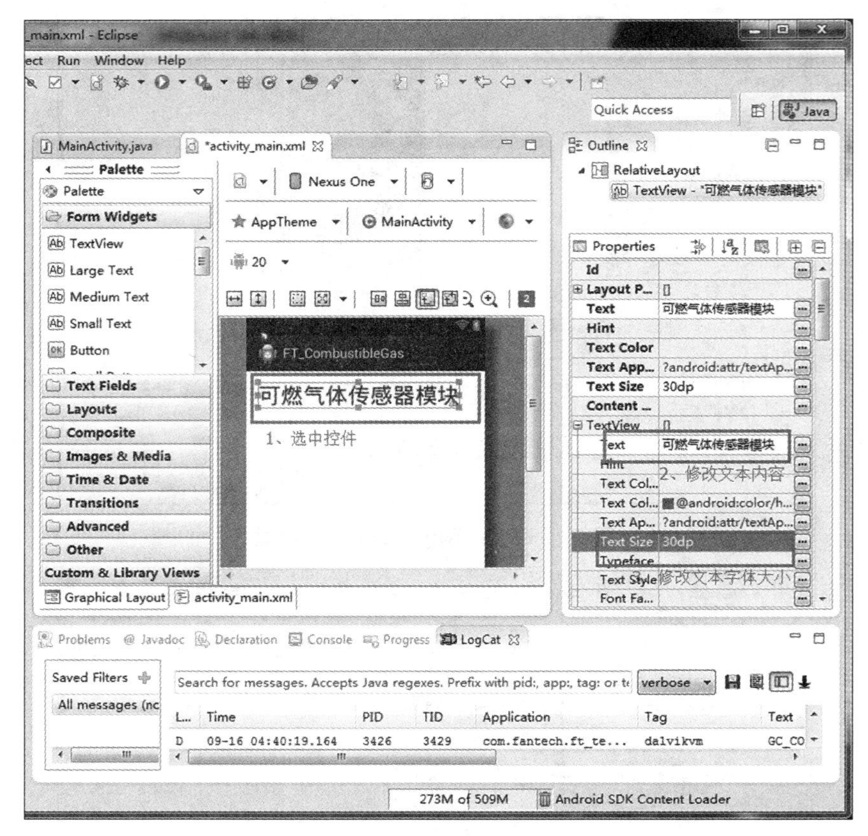

图 5－40 “TextView”控件

◆ 选中控件

◆ 修改文本内容

◆ 修改文本字体大小

➢ 添加一个“TextView”控件，修改文字为“MAC 地址：”，字体大小为“20dp”，操作步骤如图 5－41 所示。步骤如下：

◆ 按住控件，将其拖动到空白界面中

◆ 在空白界面选择需要放置的位置，放开鼠标

◆ 修改文本内容

◆ 修改文本字体大小

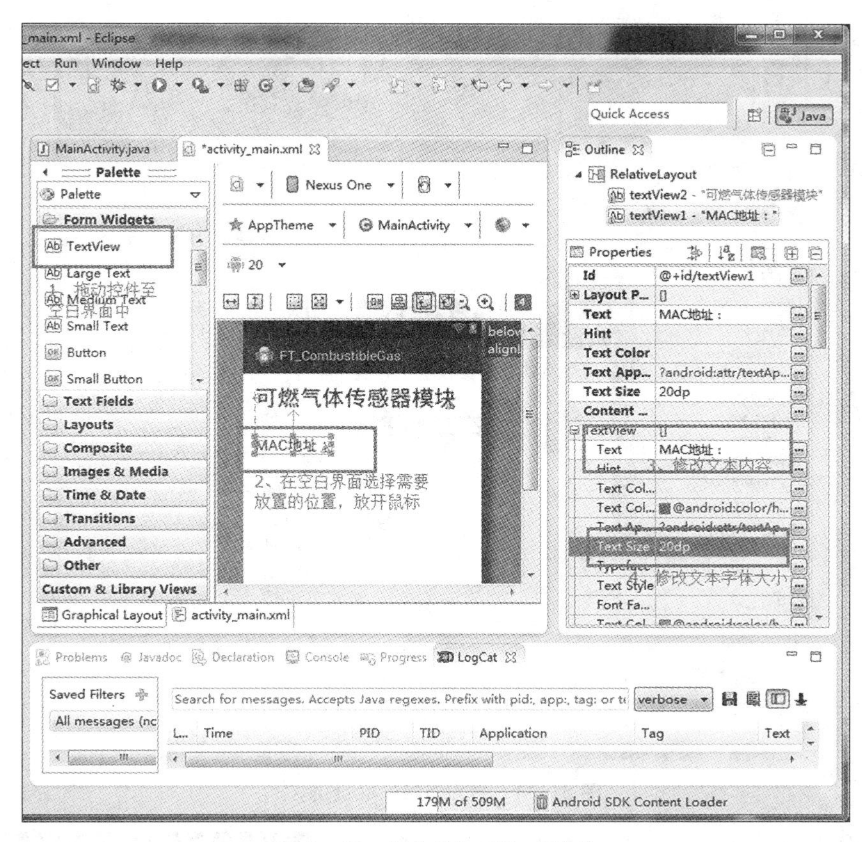

图 5-41　添加“TextView”控件

➢ 按照上述方法，拖动第二个“TextView”，修改内容为“可燃气体：”，字体大小为“20dp”，如图 5-42 所示。

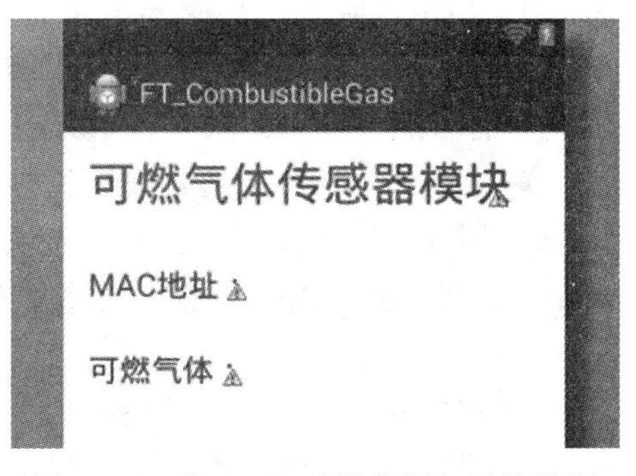

图 5-42　“TextView”控件添加后的界面

➢ 按照上述方法，再添加一个“TextView”，这个控件用于显示接收到的传感器的 MAC 地址，在设置这个控件时，需要给这个控件添加一个 ID，用于在 Activity 中可以找到这个控件，并对这个控件的内容进行修改。将这个控件的 ID 修改为“text_mac”，内容为“此处显示 MAC 地址”，字体大小修改为“20dp”，如图 5-43 所示。步骤如下：

◆ 按住控件，将其拖动到空白界面中
◆ 在空白界面选择需要放置的位置，放开鼠标
◆ 修改 ID“@+id/text_mac”
◆ 修改文本内容
◆ 修改文本字体大小

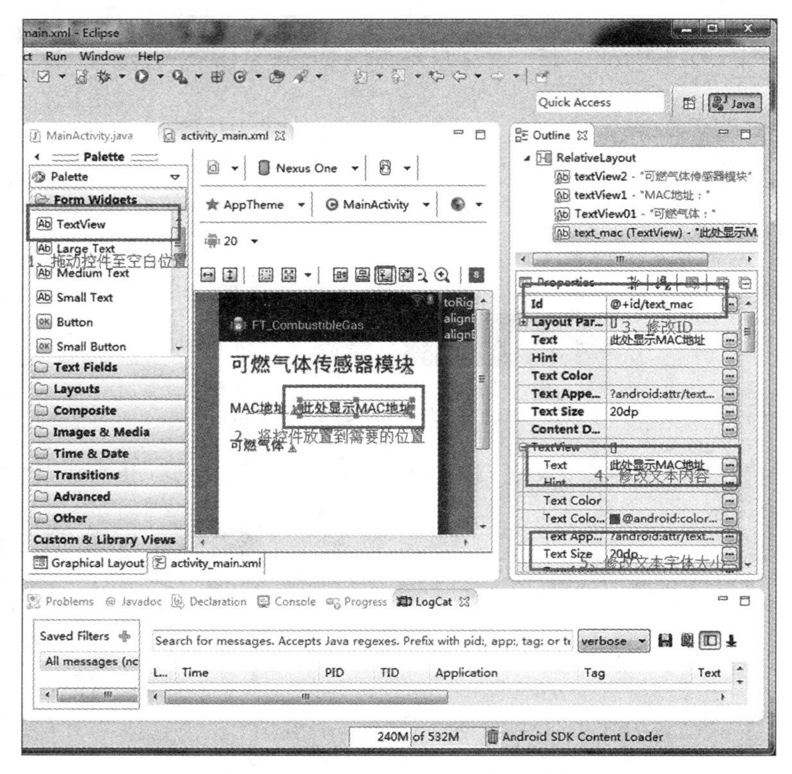

图 5-43　显示 MAC 地址的控件

➢ 按照上述方法，再添加一个“TextView”控件，用来显示接收到的传感器的可燃气体，将其 ID 修改为“@+id/text_gas”。将内容修改为“此处显示是否有可燃气体”，如图 5-44 所示。

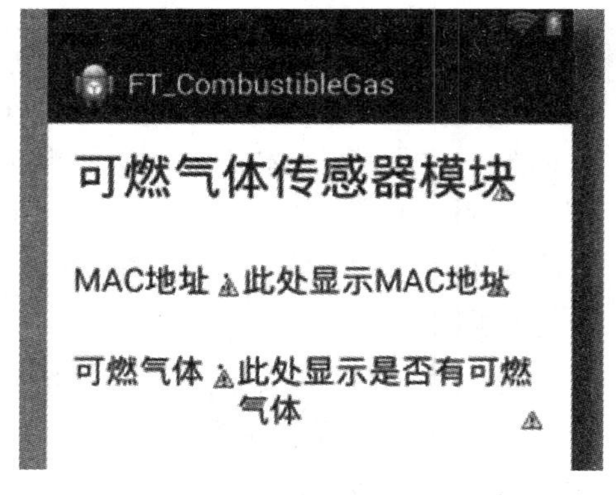

图 5-44　界面设计图

➢ 上述添加控件的方法是在选项卡“Graphical Layout”中做的，我们也可以在选项卡“activity_main.xml”中进行代码的编写，最终代码如下：

```
< TextView
    android:id= "@ + id/textView2"
    android:layout_width= "wrap_content"
    android:layout_height= "wrap_content"
    android:text= "可燃气体传感器模块"
    android:textSize= "30dp" />
< TextView
    android:id= "@ + id/textView1"
    android:layout_width= "wrap_content"
    android:layout_height= "wrap_content"
    android:layout_alignLeft= "@ + id/textView2"
    android:layout_below= "@ + id/textView2"
```

```
        android:layout_marginTop= "35dp"
        android:text= "MAC 地址:"
        android:textSize= "20dp" />
    < TextView
        android:id= "@ + id/TextView01"
        android:layout_width= "wrap_content"
        android:layout_height= "wrap_content"
        android:layout_alignLeft= "@ + id/textView1"
        android:layout_below= "@ + id/textView1"
        android:layout_marginTop= "31dp"
        android:text= "可燃气体:"
        android:textSize= "20dp" />
    < TextView
        android:id= "@ + id/text_mac"
        android:layout_width= "wrap_content"
        android:layout_height= "wrap_content"
        android:layout_alignBaseline= "@ + id/textView1"
        android:layout_alignBottom= "@ + id/textView1"
        android:layout_toRightOf= "@ + id/textView1"
        android:text= "此处显示 MAC 地址"
        android:textSize= "20dp" />
    < TextView
        android:id= "@ + id/text_gas"
        android:layout_width= "wrap_content"
        android:layout_height= "wrap_content"
        android:layout_alignBaseline= "@ + id/TextView01"
        android:layout_alignBottom= "@ + id/TextView01"
        android:layout_toRightOf= "@ + id/TextView01"
        android:text= "此处显示是否有可燃气体"
        android:textSize= "20dp" />
```

(4) 编写 Activity 代码

➢ 打开存放于文件夹"src"下的"com. fantech. ft_combustiblegas"文件夹中的"MainActivity. java"文件。

➢ 这个类原来是继承的"Activity",现在需要将它更改为继承"SerialPortActivity",此时会出现一个错误,将鼠标放在错误上,系统会提示需要重写这个类中的抽象方法,点击这个提示中的选项"Add unimplemented methods",系统会自动给这个类添加这个方法,如图 5-45。

```
1  package com.fantech.ft_temperaturehumidity;
2
3⊕ import android.support.v7.app.ActionBarActivity;
7
8
9  public class MainActivity extends SerialPortActivity {
10
12⊕     protected void onCreate(Bundle savedInstanceState) {
16
17
19⊕     public boolean onCreateOptionsMenu(Menu menu) {
24
26⊕     public boolean onOptionsItemSelected(MenuItem item) {
36
37
38⊖     @Override
39      protected void onDataReceived(byte[] buffer, int size) {
40          // TODO Auto-generated method stub
41
42      }
43 }
44
```

图 5-45 类添加方法

➢ 声明控件,并给这个变量赋值,获得这个控件的对象实例。

```
//声明控件
private TextView text_gas= null;//可燃气体
private TextView text_mac= null;//MAC 地址
//获得这个控件的对象实例
text_gas= (TextView)findViewById(R.id.text_gas);
text_mac= (TextView)findViewById(R.id.text_mac);
```

➢ 下面我们就要在需要重写的 onDataReceiver()方法中填写串口接收到数据之后对数据处理的代码,这里需要参考可燃气体的数据格式,如表 5-2 所示。

表 5-2 可燃气体数据格式

标志	长度	父节点地址		原始地址		类型	数值			
OXFD(0XFA)	0X03	0X00	0X00	0X00	0X01	J	0X00(00,超标,01 正常)			
校验和	MAC 地址								/	/
0X00	0X00	0X00	0X00	0X00	0X00	0X00	0X00	0X00	/	/

具体代码如下:

```
runOnUiThread(new Runnable() {//接收数据线程
  public void run() {
  { //对接收到的数据根据可燃气体的数据格式进行比对
    if(buffer[0]= = (byte)0xFD||buffer[0]= = (byte)0xFA)
    { //判断类型是否为"J",类型"J"代表的是可燃气体
      if((buffer[6]= = (byte)'J'))
      {
        //截取可燃气体传感器的 MAC 地址
          int jj= 0;
          int ibegin= (int)buffer[1];
          String smacaddr= "";
          for(int ic= (6+ ibegin- 8);ic< (6+ ibegin- 8)+ 8;ic+ + )
```

```
            {
              macaddr[jj]= buffer[ic];
              + + jj;
              smacaddr+ = String.format("% 02x", buffer[ic]);
            }
            //修改控件 text_mac 显示的内容为获取到的传感器的 MAC 地址
            text_mac.setText(smacaddr);
            //截取判断可燃气体是否异常的数值,“0X00”为异常,“0X01”为正常,并将判断的结果显
示在控件“text_gas”中。
            if(buffer[7]= = (byte)0x00)
            {
              text_gas.setText("有可燃气体…"); }
      }
            if(buffer[7]= = (byte)0x01)
            {
              text_gas.setText("未监测到可燃气体…");
            }
        }
      }}});
```

➢ 代码编写完成之后，右击项目“FT_CombustibleGas”，选择“Run As”，点击“Android Application”运行这个项目。运行结束之后，在文件夹“bin”中会出现一个文件“FT_CombustibleGas.apk”，如图 5 - 46 所示，这个就是我们需要在 A8 设备上运行安装的 App。

assets
bin
dexedLibs
res
AndroidManifest.xml
classes.dex
FT_CombustibleGas.apk
jarlist.cache
R.txt
resources.ap_
…

图 5 - 46　APK 文件

5) 实验结果

(1) 安装 APK

将生成的“FT_CombustibleGas.apk”拷贝到 TF 内存卡中，将 TF 卡插到 A8 主机上，将 A8 主机上电，将协调器和可燃气体节点上电，将这个 APK 文件安装到 A8 主机上，点击运行，出现如图 5 - 47 所示界面。

(2) 采集传感器数据

按动可燃气体传感器的“SW1”按键，可以看到“D2”灯闪了一下，此时就可以在 A8 主机界面上看到这个可燃气体传感器的数据信息，如图 5 - 48 所示。

此处显示的为可燃气体正常，也可以使用打火机按下释放出气体，模拟可燃气泄漏，此时的结果就会变为异常，如图 5 - 49 所示。

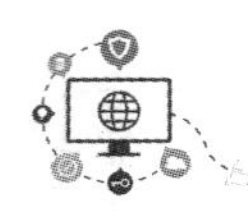

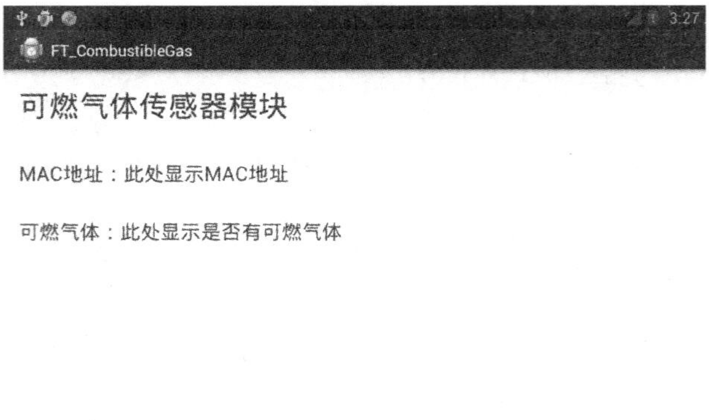

3:27
FT_CombustibleGas
可燃气体传感器模块
MAC地址：此处显示MAC地址
可燃气体：此处显示是否有可燃气体

图 5－47　APK 运行界面

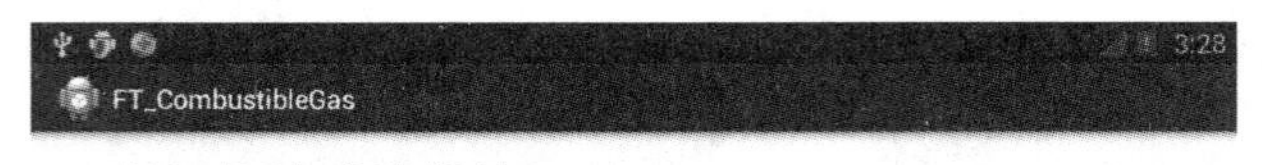

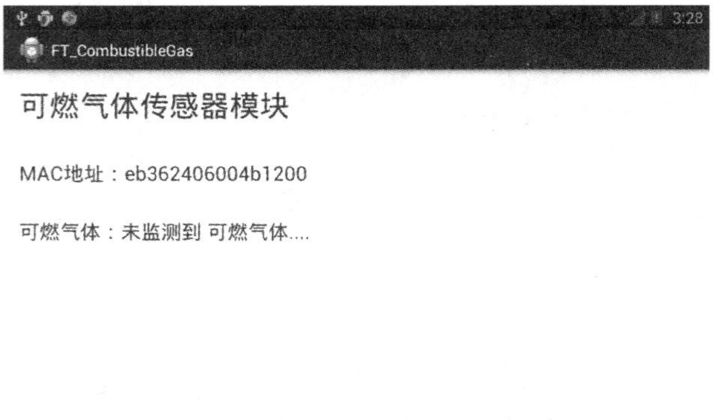

3:28
FT_CombustibleGas
可燃气体传感器模块
MAC地址：eb362406004b1200
可燃气体：未监测到 可燃气体....

图 5－48　传感器数据显示界面

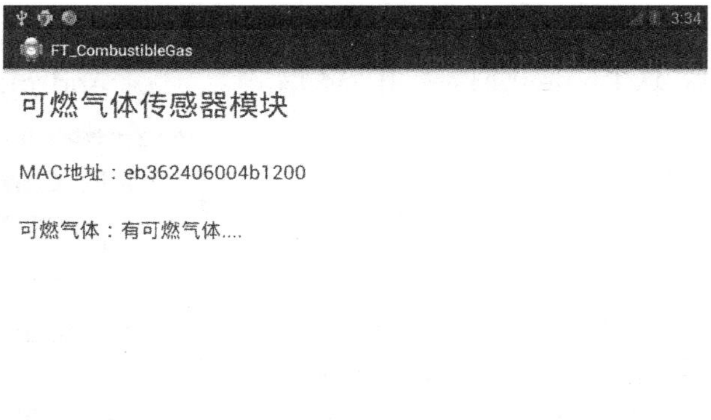

3:34
FT_CombustibleGas
可燃气体传感器模块
MAC地址：eb362406004b1200
可燃气体：有可燃气体....

图 5－49　有可燃气体显示界面

6　节点控制实验

实验准备

本节介绍 LED 灯、步进电机、直流电扇三种节点的远程控制设计。为了方便用户使用实训系统，针对 LED/AD/KEY/PWM 等硬件资源开发了 libio. so 函数库，若用户需要使用这些硬件资源，可将 libio. so 库添加到 libs 文件夹下，在创建 Android 工程时，加载 libio. so 库，直接调用该函数库即可。函数说明如下：

```
/* *
    * 构造函数
    * /
    public FTAndroidLib()

    /* *
    *  Brief 打开设备
    *  @ param mstyle
    *  @ return int 返回设备号
    * /
    public native int open(int mstyle);

    /* *
    *  Brief io 有关
    *  @ param devname 设备名称
    *  @ param value 参数 1
    *  @ return
    * /
    public native int ioctl(int devname,int value);

    /* *
    *  Brief io 有关
    *  @ param devname 设备名称
    *  @ param ledon_off 参数 1
    *  @ param leddir 参数 2
    *  @ return
    * /
```

```
public native int ioctl(int devname, int ledon_off,int leddir);

/* *
* Brief 关闭设备
* @ param devname
* /
public native void close(int devname);

/* *
* Brief io 读取
* @ param devname 设备名称
* @ param buffer 缓存数据
* @ param size 数据大小
* @ return
* /
public native int read(int devname,byte[] buffer,int size);

/* *
* Brief io 发送
* @ param devname 设备名称
* @ param buffer 缓存数据
* @ param size 发送数据大小
* /
public native void write(int devname,byte[] buffer,int size);
```

6.1 LED 灯控制实验

1) 实验目的

(1) 掌握嵌入式 Android 网关控制 LED 灯的方式。
(2) 掌握嵌入式 Android 网关中应用程序调用底层设备所使用的库函数。

2) 实验原理

地址:01H,采用一个数据功能 74HC595 来控制,对于 74HC595 从低到高的八位数据线分别代表:LED1,LED2,LED3,LED4,LED5,PWM→蜂鸣器,蜂鸣器,NC
说明:LED 高熄灭,低点亮。

3) 实验内容

LED 灯硬件如图 6-1 所示。打开预设的应用程序 FTBasic,进入主菜单界面,单击“IO

设置”按钮，将所有选项全都勾上即可，返回退出到主菜单界面，单击“LED 灯”按钮，进入控制界面，如图 6 - 2 所示，单击各按钮，可对不同的 LED 进行控制。

新建 Android 工程，加载 libio. so 库，根据实验的控制要求设计，实验关键代码见下节。

图 6 - 1　LED 灯硬件图

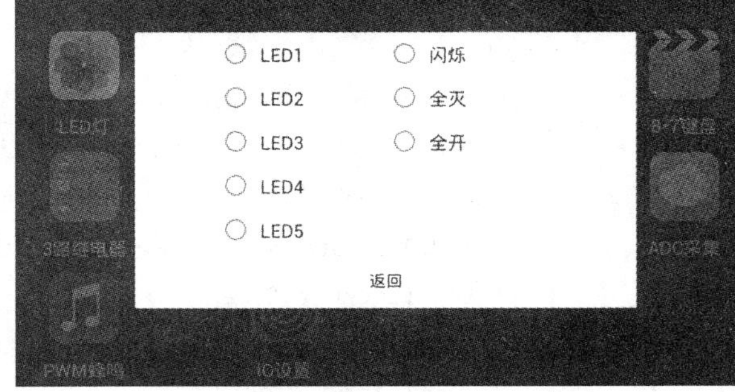

图 6 - 2　LED 灯控制界面

4) 实验关键代码

```
private void write2Led(int i) {
      byte[] data = { 0x00, 0x00 };
      data[0] = 0x01;
      data[1] = (byte) ((0x1F < < i) | (byte) (Math.pow(2, i - 1) - 1));
      ft.write(IO_HC595, data, 2);
   }

   public RadioGroup.OnCheckedChangeListener OC_LED = new
RadioGroup.OnChecked ChangeListener() {

      @ Override
      public void onCheckedChanged(RadioGroup group, int checkedId) {
        // TODO Auto-generated method stub
        switch (checkedId) {
        case R.id.rb_led_1:
          write2Led(1);
          break;
        case R.id.rb_led_2:
          write2Led(2);
          break;
        case R.id.rb_led_3:
          write2Led(3);
          break;
        case R.id.rb_led_4:
```

```
        write2Led(4);
        break;
      case R.id.rb_led_5:
        write2Led(5);
        break;
      case R.id.rb_led_twinkle:
        new Thread(new Runnable() {
          @ Override
          public void run() {
            // TODO Auto-generated method stub
            for (int i =  0; i <  6; i+ + ) {
              try {
                Thread.sleep(200);
              } catch (InterruptedException e) {
                // TODO Auto-generated catch block
                e.printStackTrace();
              }
              write2Led(i);
            }
            for (int j =  0; j <  2; j+ + ) {
              ft.write(IO_HC595, new byte[] { 0x01, 0x00 }, 2);
              try {
                Thread.sleep(200);
              } catch (InterruptedException e) {
                // TODO Auto-generated catch block
                e.printStackTrace();
              }
              ft.write(IO_HC595, new byte[] { 0x01, 0x1f }, 2);
              try {
                Thread.sleep(200);
              } catch (InterruptedException e) {
                // TODO Auto-generated catch block
                e.printStackTrace();
              }
            }
          }
        }).start();
        break;
      case R.id.rb_led_on:
        ft.write(IO_HC595, new byte[] { 0x01, 0x00 }, 2);
        break;
```

```
        case R.id.rb_led_off:
          ft.write(IO_HC595, new byte[] { 0x01, 0x01f }, 2);
          break;
      }
    }
  };
```

6.2　步进电机控制实验

1) 实验目的

(1) 掌握嵌入式 Android 网关控制步进电机的方式。

(2) 掌握嵌入式 Android 网关中应用程序调用底层设备所使用的库函数。

2) 实验原理

地址:02H,采用一个数据功能,74HC595 来控制,对于 74HC595 从低到高的八位数据线分别代表:A,B,C,D,NC,NC,NC,NC。

3) 实验内容

打开预设的应用程序 FTBasic,进入主菜单界面,单击"IO 设置"按钮,将所有选项全都勾上即可,返回退出到主菜单界面,单击"步进电机"按钮,进入控制界面,如图 6-3 所示。选中对应的旋转方向机角度,单击开始即可对步进电机进行控制。步进电机硬件如图 6-4 所示。

新建 Android 工程,加载 libio. so 库,根据实验的控制要求设计,实验关键代码见下节。

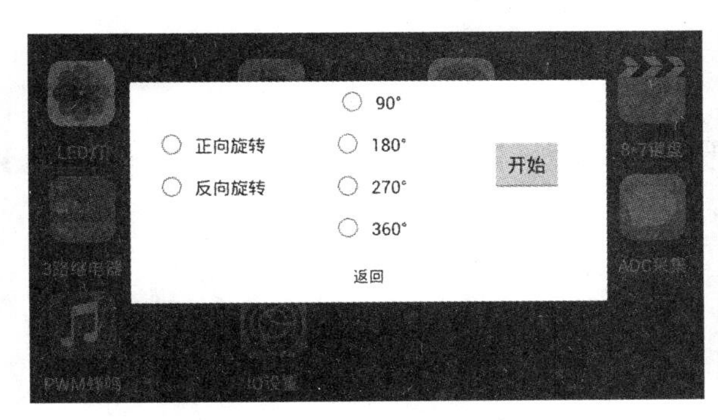

图 6-3　步进电机控制界面

图 6-4　步进电机硬件图

4) 实验关键代码

```
private void Write2Motor(boolean isForward) {
      byte[] data =  { (byte) 0x02, (byte) 0x00 };
```

```
if (isForward)
  for (int ny = 0; ny < 4; ny++) {
    switch (ny) {
    case 0:
      data[1] = (byte) 0x03;
      break;
    case 1:
      data[1] = (byte) 0x06;
      break;
    case 2:
      data[1] = (byte) 0x0c;
      break;
    case 3:
      data[1] = (byte) 0x09;
      break;
    default:
      break;
    }
    ft.write(IO_HC595, data, 2);
    System.out.println("write fan + ");
    try {
      Thread.sleep(2);
    } catch (InterruptedException e) {
      // TODO Auto-generated catch block
      e.printStackTrace();
    }
  }
else
  for (int ny = 3; ny >= 0; ny--) {
    System.out.println("write fan - ");
    switch (ny) {
    case 0:
      data[1] = (byte) 0x03;
      break;
    case 1:
      data[1] = (byte) 0x06;
      break;
    case 2:
      data[1] = (byte) 0x0c;
      break;
    case 3:
```

```
                data[1] = (byte) 0x09;
                break;
            default:
                break;
            }
            ft.write(IO_HC595, data, 2);
            try {
                Thread.sleep(2);
            } catch (InterruptedException e) {
                // TODO Auto-generated catch block
                e.printStackTrace();
            }
        }
    }

    private void Dialog_Motor() {
        angle = 0;
        LinearLayout ll = (LinearLayout) getLayoutInflater().inflate(
                R.layout.diag_motor, null);
        AlertDialog.Builder a = new AlertDialog.Builder(MainActivity.this);
        a.setView(ll);
        RadioGroup rgDir = (RadioGroup) ll.findViewById(R.id.rg_motor_dir);
        rgDir.setOnCheckedChangeListener(new RadioGroup.OnCheckedChangeListener() {
            @ Override
            public void onCheckedChanged(RadioGroup group, int checkedId) {
                // TODO Auto-generated method stub
                switch (checkedId) {
                case R.id.rb_motor_forward:
                    isForward = true;
                    break;
                case R.id.rb_motor_back:
                    isForward = false;
                    break;
                }
            }
        });
        RadioGroup rgAngle = (RadioGroup) ll.findViewById(R.id.rg_motor_angle);
        rgAngle.setOnCheckedChangeListener(new RadioGroup.OnCheckedChangeListener() {

            @ Override
            public void onCheckedChanged(RadioGroup group, int checkedId) {
```

```
        // TODO Auto-generated method stub
        switch (checkedId) {
        case R.id.rb_motor_90:
          angle = 128;
          break;
        case R.id.rb_motor_180:
          angle = 256;
          break;
        case R.id.rb_motor_270:
          angle = 384;
          break;
        case R.id.rb_motor_360:
          angle = 512;
          break;
        }
      }
    });

    Button btnStart = (Button) ll.findViewById(R.id.btn_motor_start);
    btnStart.setOnClickListener(new OnClickListener() {

      @ Override
      public void onClick(View v) {
        // TODO Auto-generated method stub
        new Thread(new Runnable() {

          @ Override
          public void run() {
            // TODO Auto-generated method stub
            for (int i = 0; i < angle; i+ + ) {
              Write2Motor(isForward);
              System.out.println("Thread fan:" + i);
            }
          }
        }).start();
      }
    });
    a.setNegativeButton("返回", new DialogInterface.OnClickListener() {

      @ Override
      public void onClick(DialogInterface dialog, int which) {
        // TODO Auto-generated method stub
```

```
            dialog.dismiss();
          }
        });
        a.create().show();
      }
```

6.3　直流电扇控制实验

1）实验目的

（1）掌握嵌入式 Android 网关控制直流电机的方式。
（2）掌握嵌入式 Android 网关中应用程序调用底层设备所使用的库函数。

2）实验原理

地址：04H，采用一个数据功能 74HC595 来控制，对于 74HC595 从低到高的八位数据线分别代表：A，PWM→风扇，B，NC，NC，NC，NC，NC。

3）实验内容

打开预设的应用程序 FTBasic，进入主菜单界面，单击“IO 设置”按钮，将所有选项全都勾上即可，返回退出到主菜单界面，单击“直流电扇”按钮，进入控制界面，如图 6－5 所示。勾选是否与 pwm 关联，选择对应的方向，可对风扇风速进行调节；取消勾选是否与 pwm 关联，可直接控制风扇的方向与停止。直流电扇硬件如图 6－6 所示。

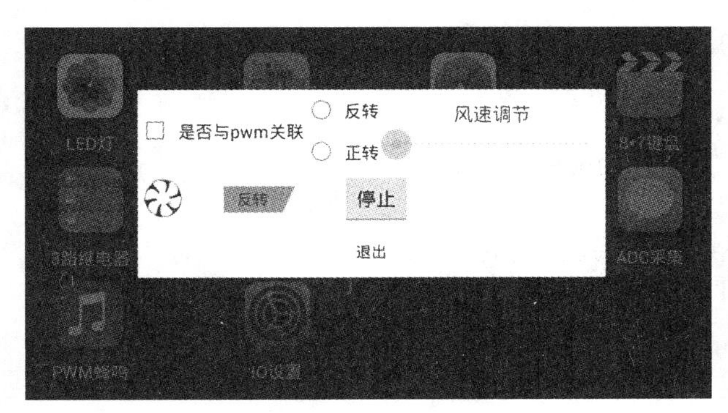

图 6－5　直流电扇控制界面

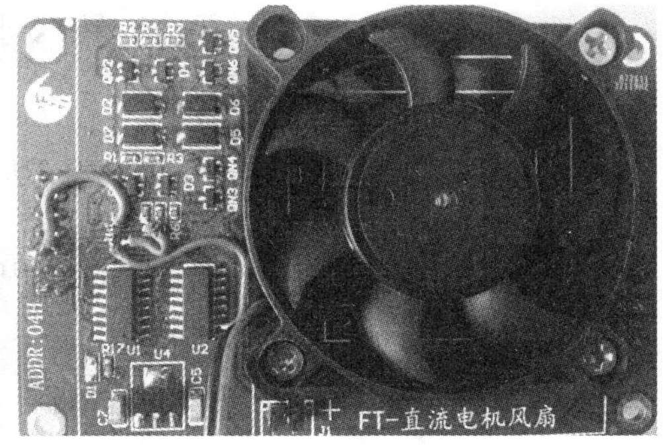

图 6－6　直流电扇硬件图

4）实验关键代码

```
private void Write2Fan(byte i) {
        byte[] data = { 0x00, 0x00 };
        data[0] = 0x04;
        data[1] = i;
```

```
  ft.write(IO_HC595, data, 2);
}

private boolean isFanBack = true;

/* *
* 直流电扇
* /
private void Dialog_Fan() {
  LinearLayout ll = (LinearLayout) getLayoutInflater().inflate(
      R.layout.diag_fan, null);
  AlertDialog.Builder a = new AlertDialog.Builder(MainActivity.this);
  a.setView(ll);
  final ImageView img = (ImageView) ll.findViewById(R.id.iv_fan);
  final CheckBox cbPwm = (CheckBox) ll.findViewById(R.id.cb_fan_pwm);
  SeekBar sbSpeed = (SeekBar) ll.findViewById(R.id.sb_fan_speed);
  sbSpeed.setOnSeekBarChangeListener(new OnSeekBarChangeListener() {

    @ Override
    public void onStopTrackingTouch(SeekBar seekBar) {
      // TODO Auto-generated method stub
      if (cbPwm.isChecked()) {
        if (isFanBack) {
          if (ft.ioctl(IO_PWM, 1, volValue) > = 0) {

            System.out.println(String.valueOf(volValue));
          }
        } else {
          if (ft.ioctl(IO_PWM, 1, volValue) > = 0) {

            System.out.println(String.valueOf(volValue));
          }
        }
      }
    }

    @ Override
    public void onStartTrackingTouch(SeekBar seekBar) {
      // TODO Auto-generated method stub

  }
```

```
  @ Override
  public void onProgressChanged(SeekBar seekBar, int progress,
      boolean fromUser) {
    // TODO Auto-generated method stub
    if (cbPwm.isChecked()) {
      volValue = progress;
      if (volValue == 0)
        volValue = 1;
    }

  }
});
img.setBackgroundResource(R.drawable.fananim);
RadioGroup rbPwm = (RadioGroup) ll.findViewById(R.id.rg_fan);
rbPwm.setOnCheckedChangeListener(new RadioGroup.OnCheckedChangeListener() {
  @ Override
  public void onCheckedChanged(RadioGroup group, int checkedId) {
    // TODO Auto-generated method stub
    if (cbPwm.isChecked()) {
      switch (checkedId) {
      case R.id.rb_fan_back:
        isFanBack = true;
        Write2Fan((byte) 0x02);
        break;
      case R.id.rb_fan_forward:
        isFanBack = false;
        Write2Fan((byte) 0x03);
        break;
      }
    }
  }
});

Button btnStop = (Button) ll.findViewById(R.id.btn_fan_stop);
btnStop.setOnClickListener(new OnClickListener() {

  @ Override
  public void onClick(View v) {
    // TODO Auto-generated method stub
    if (animation != null)
      animation.stop();
    Write2Fan((byte) 0x00);
```

```
        }
    });
    Switch stFan = (Switch) ll.findViewById(R.id.st_fan);
    stFan.setOnCheckedChangeListener(new CompoundButton.OnCheckedChangeListener() {

        @ Override
        public void onCheckedChanged(CompoundButton buttonView,
                boolean isChecked) {
            // TODO Auto-generated method stub
            if (! cbPwm.isChecked())
                if (isChecked) {
                    img.setBackgroundResource(R.drawable.fananim);

                    animation = (AnimationDrawable) img.getBackground();
                    animation.stop();
                    animation.start();
                    Write2Fan((byte) 0x04);

                } else {
                    img.setBackgroundResource(R.drawable.fananimback);

                    animation = (AnimationDrawable) img.getBackground();
                    animation.stop();
                    animation.start();
                    Write2Fan((byte) 0x01);

                }
        }
    });
    a.setNegativeButton("退出", new DialogInterface.OnClickListener() {

        @ Override
        public void onClick(DialogInterface dialog, int which) {
            // TODO Auto-generated method stub
            volValue = - 1;
            ft.write(IO_HC595, new byte[] { 0x04, 0x00 }, 2);
            ft.ioctl(IO_PWM, 0);
            dialog.dismiss();
        }
    });
    a.create().show();
}
```

第二部分

物联网应用开发实训

项目一　智慧农业应用开发

智慧农业采用物联网技术，可定时采集空气温度、空气湿度、CO_2 浓度、光照强度、土壤温湿度和水分等，来获得作物生长的最佳条件，通过自动调节温室环境，实现温室集约化、网络化远程管理。利用 ZigBee 协调器，通过传感控制节点将环境监测数据传输到服务器，并以图表方式显示给用户，当监测数据出现异常时，可利用软件网络实现对温室设备（温、光、气、水等）的自动控制，也可以通过 Internet 网络远程监测环境信息和设备运行状态等。本实训项目选择其中的农业光线采集、农业温度采集、智能补光系统和智能通风系统四个系统开发实训任务。

任务1　农业光线采集

1.1　学习目标

（1）熟悉物联网应用系统开发的软硬件环境，并能熟练地使用相关的开发软件。

（2）了解光线传感器数据的定时上报与采集功能。

（3）掌握光线传感器 ZigBee 数据通信协议。

（4）掌握 Android 串口通信编程。

（5）掌握农业光线采集系统的开发与调试。

1.2　实验环境

（1）硬件：光线传感器节点，物联网网关，CCDeBugger 仿真器，PC 机，Micro-USB 线/串口线，CC2530 协调器模块，5 V 电源。

（2）软件：Windows 7/Windows XP，IAR8.10-8051 集成环境，Eclipse Android 开发环境。

1.3　实验原理

1) 系统设计目标

光线传感器节点在自动控制、农业生产、家用电器中得到广泛的应用。本实验以农业光线采集实验场景为例，分析光线传感器的采集传输原理及物联网网关业务处理流程，实现农业光线的实时监测功能。系统设计功能及目标如图 1－1 所示。

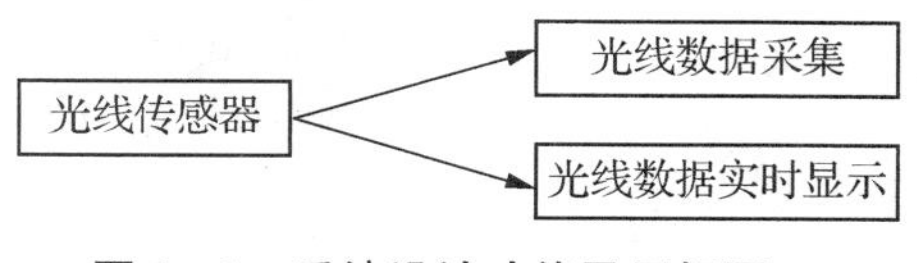

图 1－1　系统设计功能及目标图

2) 业务流程分析

农业光线检测系统的传输过程分为两个部分：光线传感器、物联网网关。通信流程如图 1－2 所示，具体通信描述如下：

（1）光线传感器节点通过 ZigBee 网络与 CC2530 协调器模块进行组网，物联网网关通过串口与 CC2530 协调器模块进行串口通信。

（2）光线传感器定时发送传感数据给 CC2530 协调器模块，物联网网关实时监听串口数据，并把得到的数据进行业务处理。

物联网网关
串口通信
CC2530协调器模块
ZigBee网络
光线传感器

图 1－2　光线传感器通信流程

3) 感知层硬件

TPS852 是一款超紧凑的表面贴装光电 IC 照度传感器，包括光电二极管和电流放大器。单个芯片中的电路，灵敏度优于光电晶体管。它具有更接近发光效率和优异的光谱灵敏度输出线性特性，硬件原理如图 1－3 所示。凭借其超紧凑的表面贴装封装，这款光电 IC 可以用作家用电器或用于家用电器的节电控制对于手机中的显示器的背光，实现设备的低功耗要求。

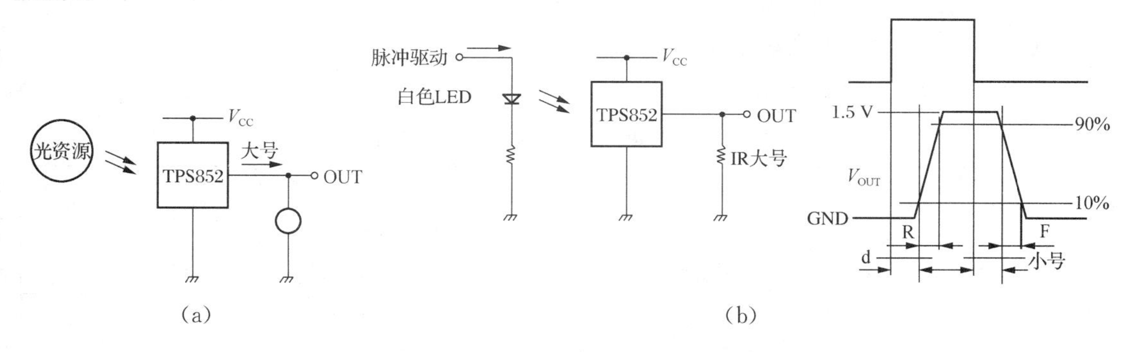

图 1－3　硬件原理图

TPS852 光照输出的是模拟量，通过 A/D 数据转换可以得到模拟量的变化值。它与 CC2530AD 引脚 P0_4 相连，原理如图 1－4 所示。

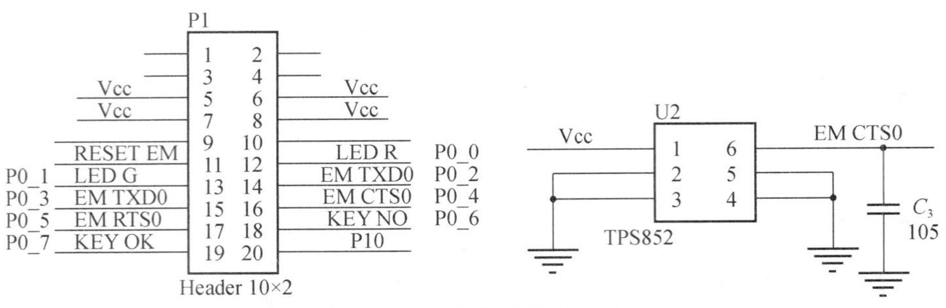

图 1-4　光照传感器原理图

1.4　实验内容

1) 感知层设计开发

(1) 感知层协议分析。

感知层通信协议如表 1-1 所示。

表 1-1　感知层通信协议

数据字节个数							
标志	长度	父节点地址	本节点地址	类型	数据	校验和	MAC 地址
1 字节	1 字节	2 字节	2 字节	1 字节	1 字节	N 字节	8 字节
传感器数据							
传感器名称		类型	数据解析				数据位
光线传感器		21H	00H(0—255 光线值)				1

(2) ZigBee 环境配置

对感知层无线局域网的组网配置主要包含对传感网中 CC2530 协调器模块、光线传感器节点进行配置。具体操作步骤如下：

① 按照表 1-2 中参数配置相应 ZigBee 实验节点。

表 1-2　ZigBee 实验节点相应参数配置

设备	参数	值
CC2530 协调器模块	网络号(Pan_id)	根据实验分组设定(0—0XFFFF)
	信道号(Channel)	根据实验分组(11—26)
	类型	根据实际类型配置
传感器节点 (光线传感器)	网络号(Pan_id)	根据实验分组设定(0—0XFFFF)
	信道号(Channel)	根据实验分组(11—26)
	传感器类型	根据实际类型配置(光线传感器:0X21)

② CC2530 协调器模块配置烧写

a. 启动 IAR Embedded Workbench，打开工程项目文件 X:\ZStack 传感器透明传输源程序 V2.45-07\Projects\GenericApp\CC2530DB\GenericApp.eww。

b. 将生成目标切换到 CoordiantorEB，如图 1－5 所示。

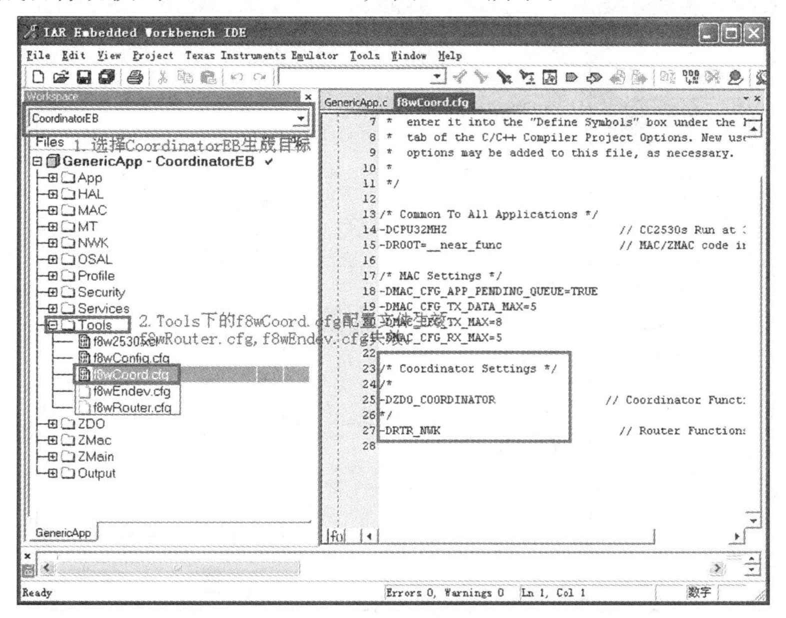

图 1－5　选择工程

c. 选中工程项目名称"GenericApp-CoordinatorEB"，单击右键弹出菜单，选择"Options"，如图 1－6 所示。

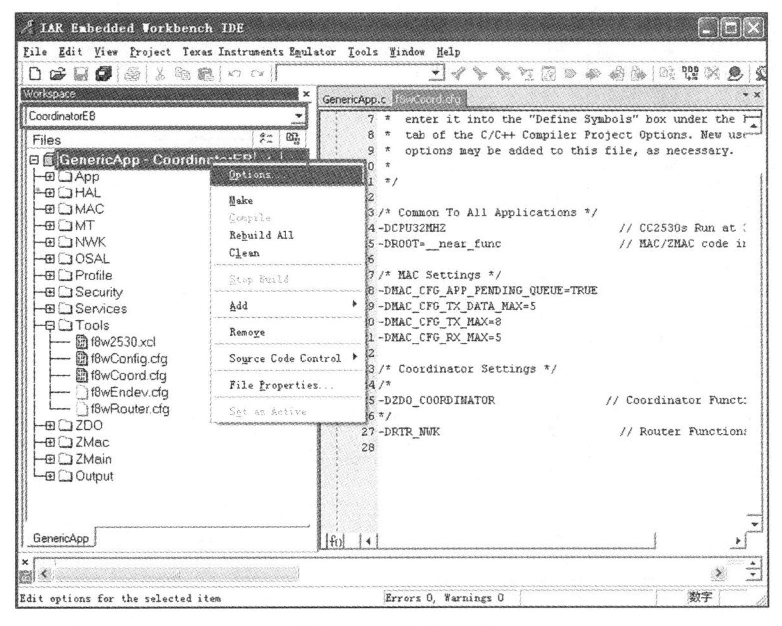

图 1－6　选项设置

d. 弹出“Options for node ‘GenericApp’”对话框，在“Category”框中，选择“C/C++ Compiler”，在右侧的选项卡中选择“Preprocessor”，如图 1-7 所示。着重介绍“Defined symbols”栏目中预定义的宏含义，如图 1-8 所示。

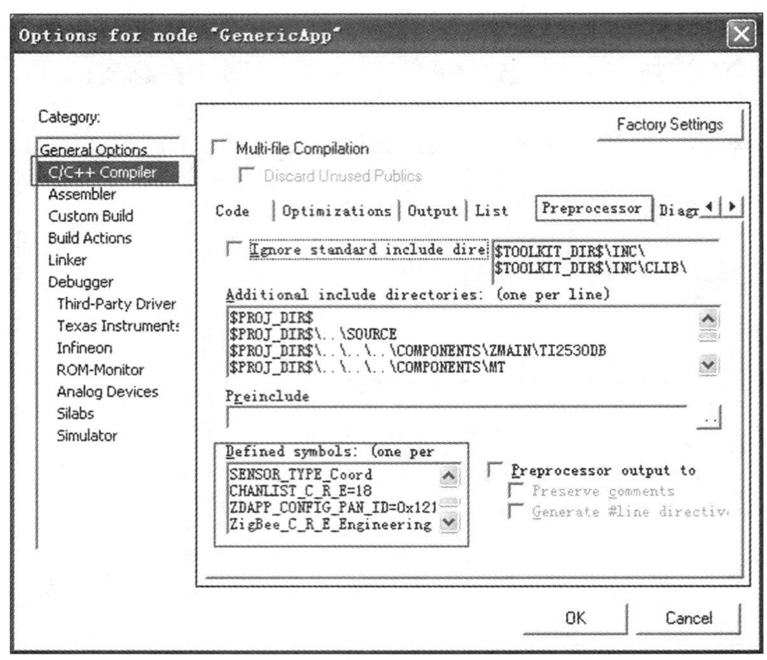

图 1-7　选择“Preprocessor”

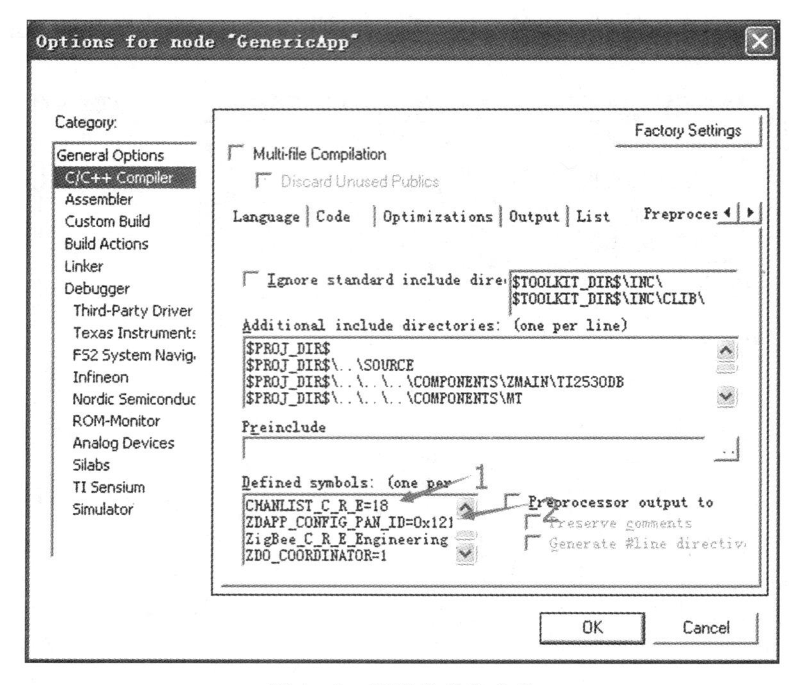

图 1-8　预定义的宏含义

➤ 箭头 1：选择信道，CHANLIST_C_R_E＝18，信道范围 11—26。同一网络内必须信道选择相同，不同信道互不干扰。

➤ 箭头 2：PAN_ID 设置。默认 ZDAPP_CONFIG_PAN_ID＝0xFFFF。但当协调器 PAN_ID 设置为 0XFFFF 时，协调器将随机分配一个非 0xFFFF 的 PAN_ID，并保持不变。此时路由器或终端节点会根据网络状况选择加入到协调器网络中，有可能出现加入到其他协调器组建的网络中。

e. 在“Category”框中，选择“Linker”，在右侧的选项卡中选择“Output”，选择下载烧写方式，以及为可执行文件命名。如图 1－9 所示。

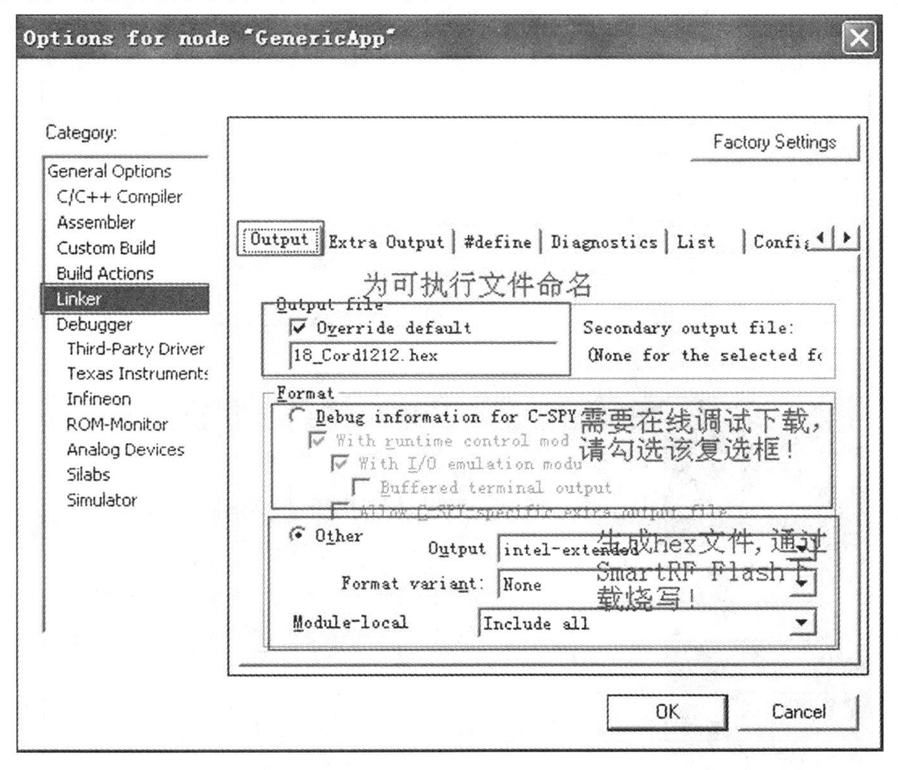

图 1－9　烧写方式

f. 设置完后，点击“OK”按钮，返回到 IAR 代码编辑框。

g. 对整个工程进行编译，生成 HEX 文件，如图 1－10 所示。

h. 将仿真器 CC2530 Debugger 一端通过 USB 方口线连接到 PC 机上，另一端连接到协调器板上的 P3 接口上，保证仿真器灰色排线的红色端对应 P3 双排针的 1 脚(板上标注△)。

i. 打开 SmartRF Flash 烧写工具。此时若 CC Debugger 红色指示灯亮，则请按下灰色排线插头旁边的按钮，指示灯变为绿色，同时烧写工具也会显示探测到的 CC2530 的信息。如图 1－11 所示。

j. 选择要烧写的 HEX 文件，位于 X:\04-实验例程\02-ZStack 传感器透明传输源程序 V2.45-13-2018-5-20\Projects\GenericApp\CC2530DB\Coordinator\Exe 目录下，点击“Perform actions”按钮开始烧写。

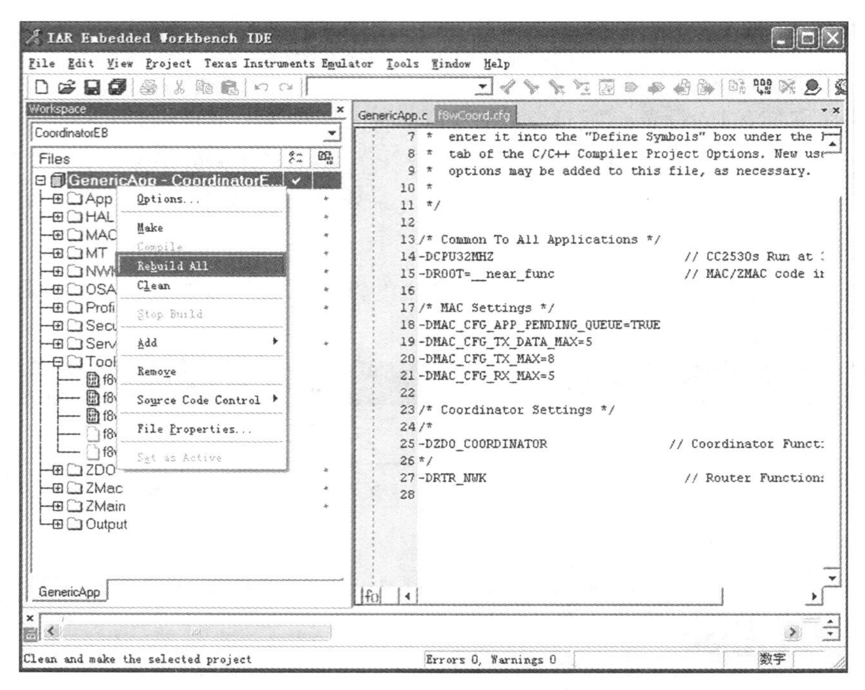

图 1-10　进行编译

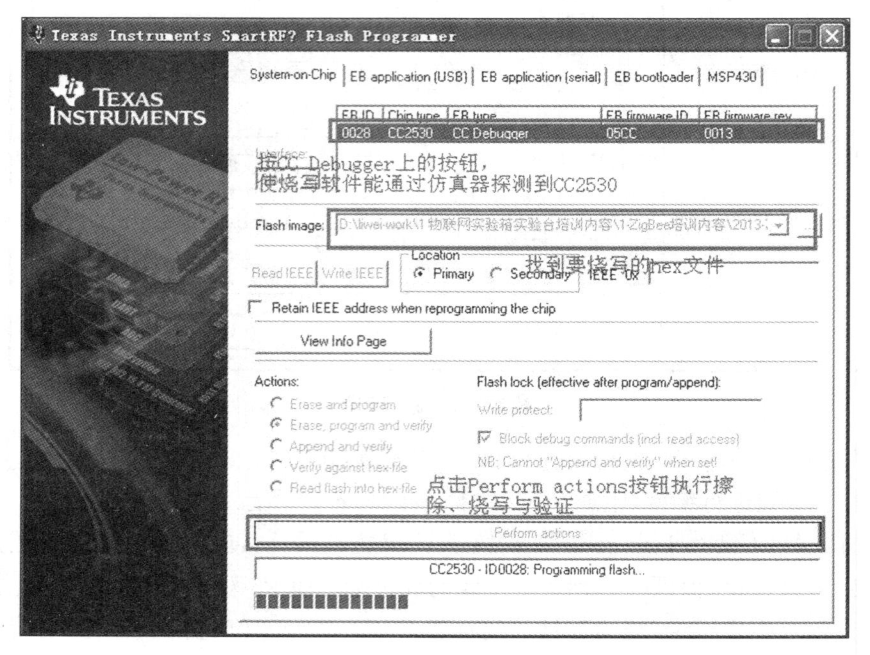

图 1-11　监测 CC2530

③ 传感器节点配置烧写

a. 将生成目标切换到 EndDeviceEB，选中工程“GenericApp-EndDeviceEB”，点击右键，在弹出的菜单中选择“Options”，如图 1-12 所示。

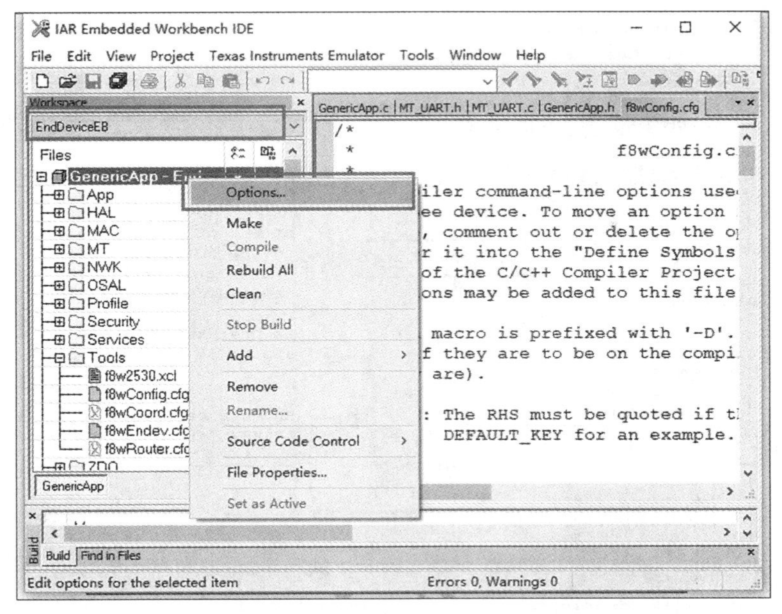

图 1-12　选择工程进行配置

b. 在弹出的“Options for node ‘GenericApp’”对话框的“Category”框中，选择“C/C++ Compiler”，在右侧的选项卡中选择“Preprocessor”，着重介绍“Defined symbols”对话框中各个预定义的宏含义：

➢ SENSOR_TYPE＝0x21，选择传感器类型。指光线传感器的类型，我们定义的是0x21，其他传感器类型请查阅“数据格式文件”。

➢ CHANLIST_C_R_E＝18，选择信道。信道范围为 11—26。同一网络内必须信道选择相同，不同信道互不干扰。

➢ ZDAPP_CONFIG_PAN_ID＝0x1212，PAN_ID 设置。当 PAN_ID 设置为 0xFFFF 时，路由器和终端节点可以加入同一信道的网络，PAN_ID 和网络协调器相同，并保持不变。当 PAN_ID 设定为其他值时，路由器 PAN_ID 采用当前值，并只能加入同一信道同一 PAN_ID 的网络。这里 PAN_ID 设置为 0x1212

➢ ZigBee_C_R_E_Engineering：广播模式；xZigBee_C_R_E_Engineering：点对点模式。通信方式设置为广播模式。

c. 在“Category”框中，选择“Linker”，在右侧的选项卡中选择“Output”，选择下载烧写方式，以及为可执行文件命名。

d. 重新编译工程，生成针对类型为“0x21”光线传感器节点的 HEX 文件，如图 1-13 所示。

e. 连接仿真器与光线传感器节点，将 CC2530 Debugger 灰色排线端插入光线传感器节点的 10 芯防插反烧写座上。

f. 按照烧写协调器的方法，选择光线传感器节点的 HEX 文件，点击“Perform actions”按钮开始执行烧写终端节点。

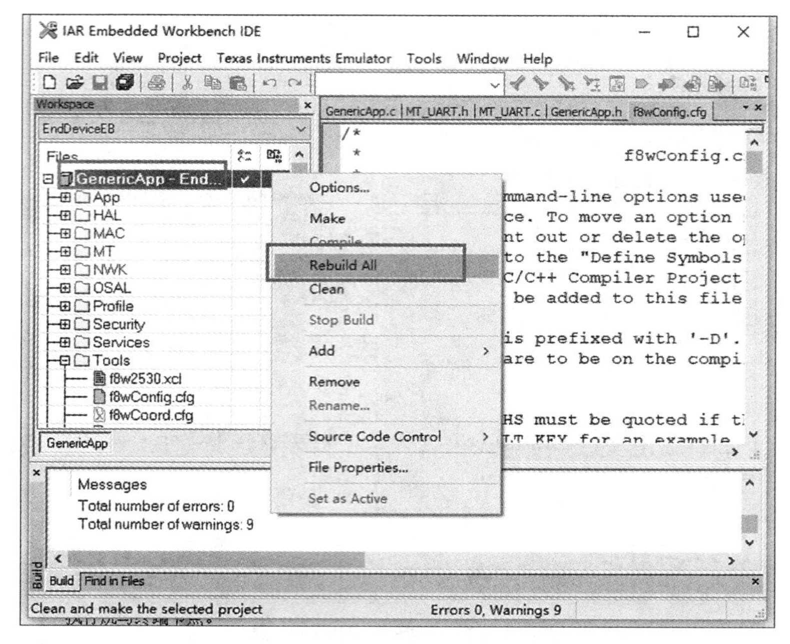

图 1-13　生成烧写文件

2）物联网网关程序开发

（1）工程框架介绍。工程框架如表 1-3 所示。

表 1-3　工程框架

包名(类名)	说明
ft. light. sixtypecabinet 应用包	
MainActivity. java	传感器数据处理主程序
activity_main. xml	主界面布局文件
serial. utils 应用包	
SerialPort. java	加载动态库. so 文件
SerialZbThread. java	串口通信实时监听线程

（2）业务流程分析。

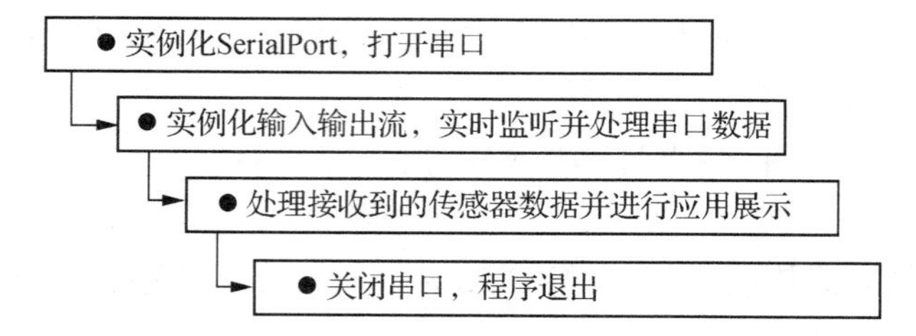

（3）关键程序代码解析。

① 初始化串口及输入输出流。

```
public SerialPort(
```

```
        File device,
        int baudrate,
        int nBits,
        char nEvent,
        int nStop,
        int flags) throws SecurityException, IOException
    {
    /* Check access permission * /
    if (! device.canRead() || ! device.canWrite()) {
        try {
    /* Missing read/write permission, trying to chmod the file * /
            Process su;
            su = Runtime.getRuntime().exec("/system/bin/su");
            String cmd = "chmod 666 " + device.getAbsolutePath() + "\n"
                        + "exit\n";
            su.getOutputStream().write(cmd.getBytes());
            if ((su.waitFor() ! = 0) || ! device.canRead()
                        || ! device.canWrite()) {
                throw new SecurityException();
            }
        } catch (Exception e) {
            e.printStackTrace();
            throw new SecurityException();
        }

    }

    mFd = open(device.getAbsolutePath(), baudrate, nBits, nEvent, nStop, flags);
    if (mFd = = null) {
        Log.e(TAG, "native open returns null");

        throw new IOException();
    }

    mFileInputStream = new FileInputStream(mFd);
    mFileOutputStream = new FileOutputStream(mFd);
  }
```

② 静态装入 so 文件，声明 JNI 接口类。

```
private native static FileDescriptor open(
        String path, //串口路径
        int baudrate,//波特率
```

```
            int nBits,//数据位
            char nVerify,//偶校验位
            int nStop,//停止位
            int flags);
        public native void close();
        public native int sri_Init();
        public native void sri_DeInit();
        public native int sri_IOCTL(int controlcode);
        public native int write( byte[] data);
        public native int read( byte[] buf, int len);
        public native int select(int sec, int usec);
        static {
          System.loadLibrary("serial_port");
        }
```

③ 实例化 SerialPort。

```
    private SerialPort mSerialPort =  null;
```

④ 初始化串口号、波特率、数据位、校验位及停止位，打开串口，并实例化输入输出流。

```
    private void OpenPort() throws SecurityException, IOException {
          if (mSerialPort = =  null) {
            String path =  "/dev/ttyAMA4"; //串口号
            int baudrate =  Integer.decode("38400"); //波特率
            int nbits =  Integer.decode("8"); //数据位
            int nstop =  Integer.decode("1"); //停止位
            String sVerify =  "N";
            char cVerify =  sVerify.charAt(0);
            /*  Check parameters * /
            if ((path.length() = =  0) || (baudrate = =  - 1) || nbits = =  - 1 || nstop = =  - 1
|| cVerify = =  'C') {
              Log.d("11111111", "yyyyyyyyyyyyyy");
              throw new InvalidParameterException();
            }
            Log.d("11111111", "1111111111111111111111111111111111");
            /*  Open the serial port * /
            mSerialPort =  new SerialPort(new File(path), baudrate, nbits, cVerify, nstop, 0);
            Log.d("11111111", "2222222222222222222222222222222222");
            mOutputStream =  mSerialPort.getOutputStream();
            mInputStream =  mSerialPort.getInputStream();
            mSerialPort.sri_Init();
            mSerialPort.sri_IOCTL(IOCTRL_PMU_BARCODE_TRIG_LOW);
            mSerialPort.sri_IOCTL(IOCTRL_PMU_BARCODE_ON);
            mSerialPort.sri_IOCTL(IOCTRL_PMU_RFID_ON);
```

```
        Log.d("11111111", "33333333333333333333333333333333");
      } else {
        //view1.setText("串口已打开");
        System.out.println("串口已打开");
        return;
      }
    }
```

⑤ 通过线程进行实时监听串口的数据输入，通过抽象类 onRecDataCom(totalPacket, packetLen);传递给主界面。

```
  @ Override
    public void run() {
      super.run();
      while (isRuning) {
        try {
          Thread.sleep(50);
        } catch (InterruptedException e) {
          e.printStackTrace();
        }
        try {
          byte[] bytes = new byte[0];
          int time = 0;
          while (true) {
            //获取输入流
            int num = mInputStream.available();
            byte[] buffer = new byte[num];
            int ret = mInputStream.read(buffer);
//              Log.e("buffer", bytesToHexString(buffer));
            bytes = byteMerger(bytes, buffer);
//              Log.e("bytes", bytesToHexString(bytes));
            int len = bytes.length;
            if (len > 2) {
              if ((bytes[0] = = (byte) 0xFA || bytes[0] = = (byte) 0xFD) && ((bytes[1] +
6) = = len)) {
                if (iZgibeeRec ! = null)
                  iZgibeeRec.onRecDataCom(bytes, len);
                break;
              }
            }
            time+ + ;
            Thread.sleep(50);
            if (time > = 20) //1秒未组完包则丢弃
```

```
                break;
            }
        } catch (Exception e) {
            Log.d("error", "error com");
            e.printStackTrace();
        }
    }
}
```

⑥ 关闭输入输出流、关闭串口。

```
private void closeSerialPort() {
    if (mInputStream ! = null) {
        try {
            mInputStream.close();
            mInputStream = null;
        } catch (IOException e) {
            e.printStackTrace();
        }
    }
    if (mOutputStream ! = null) {
        try {
            mOutputStream.close();
            mOutputStream = null;
        } catch (IOException e) {
            e.printStackTrace();
        }
    }
    if (mSerialPort ! = null) {
        mSerialPort.close();
        mSerialPort = null;
    }
}
```

⑦ 更改主界面继承接口“SerialZbThread. IZgibeeRec”。

```
public class MainActivity extends AppCompatActivity implements SerialZbThread.IZgibeeRec
```

⑧ 定义串口线程并初始化。

```
SerialZbThread serialZbThread; //串口线程
//初始化串口线程
    serialZbThread = new SerialZbThread("/dev/ttyAMA4");
    serialZbThread.setiZgibeeRec(this);
    serialZbThread.start();
```

⑨ 重写 onRecDataCom (final byte[] buffer, final int size)方法,对接收到的光线节点数据进行分析处理。

```
@ Override
 public void onRecDataCom(final byte[] buffer, int len) {
   runOnUiThread(new Runnable() {
     @ Override
     public void run() {
       //获取到的字节数组转成字符串
       String buff = bytesToHexString(buffer);
       //获取 mac 地址
       String addr = buff.substring(buff.length() - 16, buff.length());
       Log.e("onRecDataCom", "buff:" + buff);
       if (buffer[6] = = (byte) 0x21) { //光线
         //配置 mac 地址
         if (textView ! = null && StrAddr.isEmpty()) {
           StrAddr = addr;
           textView.setText(StrAddr);
           setToast("MAC 地址配置成功!");
         } else {
           if (StrAddr.equals(addr)) {
             //获取光线
             String light = String.format("% d", buffer[7]);
             //将光线值显示在控件上
             tv.setText(light + "Lux");
           }
         }
       }
     }
   });
 }
```

⑩ 关闭线程,释放资源。

```
//关闭线程,释放资源
private void close() {
    if (serialZbThread ! = null) {
      serialZbThread.interrupt();
      serialZbThread = null;
    }
 }
```

1.5 实验步骤

1) 硬件环境搭建步骤

(1) 准备一台物联网应用开发实训柜。

(2) 打开工程项目文件 X:\ZStack 传感器透明传输源程序 V2.45-07\Projects\GenericApp\CC2530DB\GenericApp.eww;在协议栈中按照实验内容中的配置参数,编译出 CC2530 协调器模块与光线传感器的 HEX 烧写文件。

(3) 使用 SmartRF Flash Programmer 工具,把编译出的 HEX 文件分别下载到 CC2530 协调器模块及光线传感器中。

(4) 把实训柜上电组网,并将 CC2530 协调器模块与电脑串口相连。打开串口工具,设置相应参数,读取光线传感器信息,验证烧写配置是否正确。

2) 物联网网关 Android 应用程序开发步骤

(1) 打开 Android 程序项目工程代码(FT_EntranceGuard_ExperimentBox)。

(2) 编译工程代码,并把生成的 APK 文件安装到物联网网关中。

(3) 打开"农业光线采集"应用程序,进入应用界面。

1.6 实验结果

通过 Build→Build APK 生成 APK 软件,如图 1-14 所示。

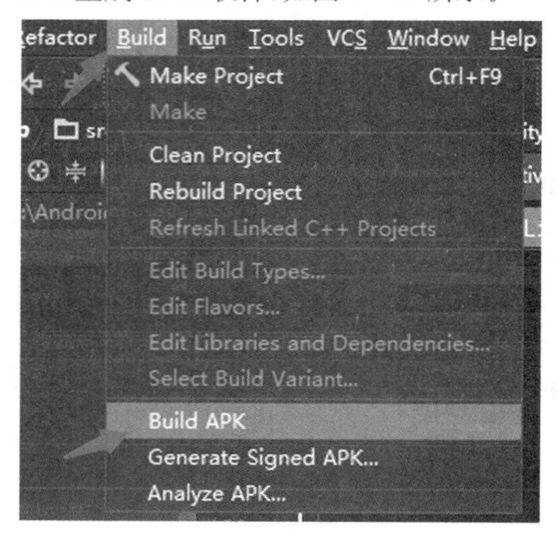

图 1-14 生成 APK 软件

等待编译完成之后右下角会弹出如图 1－15 所示提示框。

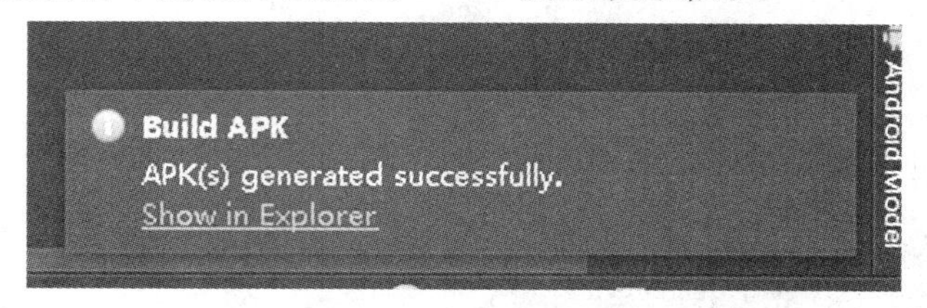

图 1－15 编译完成弹出的提示框

点击“Show in Explorer”这个蓝色的字体会打开 APK 所在的目录，如图 1－16 所示。

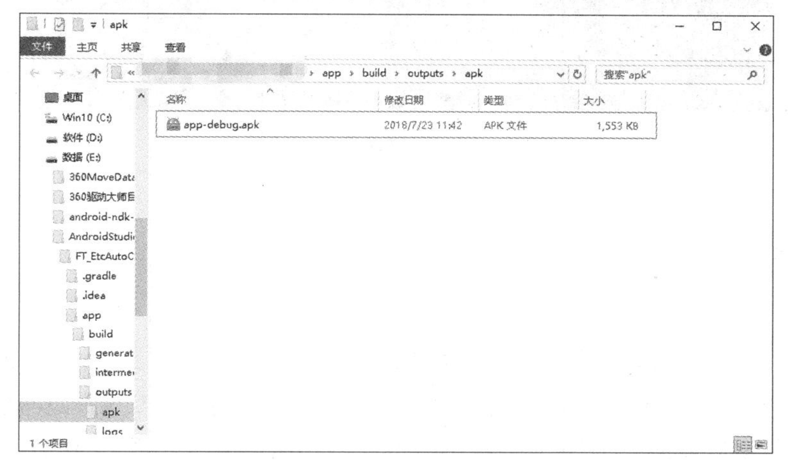

图 1－16 APK 所在目录

将此 APK 文件安装在网关上即可。

安装好的 APK 图标如图 1－17 所示。

打开软件，如图 1－18 所示。

图 1－17 安装好的 APK 图标

图 1－18 打开软件后

配置 MAC 地址：配置传感器的 MAC 地址。

等待数据上传后实时显示，如图 1－19 所示。

图 1-19　农业光线实时显示

1.7　总结

本实验由 ZigBee 网络与 CC2530 协调器模块组建无线传感网，光线传感器节点定时发送传感数据给 CC2530 协调器模块，物联网网关则通过串口与 CC2530 协调器模块进行串口通信，实时监听串口数据，并把得到的数据进行业务处理，实时显示光线数据，实现农业光线的实时监测。开发者可以根据自己的要求修改或增加相应的功能，以完善系统，具体可以参看任务 3。

任务 2　农业温度采集

2.1　学习目标

(1) 熟悉物联网应用系统开发的软硬件环境,并能熟练地使用相关的开发软件。
(2) 了解温湿度传感器数据的定时上报与采集功能。
(3) 掌握温湿度传感器 ZigBee 数据通信协议。
(4) 掌握 Android 串口通信编程。
(5) 掌握农业温度采集系统的开发与调试。

2.2　实验环境

(1) 硬件:温湿度传感器节点,物联网网关,CCDeBugger 仿真器,PC 机,Micro-USB 线/串口线,CC2530 协调器模块,5 V 电源。

(2) 软件:Windows 7/Windows XP,IAR8.10-8051 集成环境,Eclipse Android 开发环境。

2.3　实验原理

1) 系统设计目标

温湿度传感器作为最常见物联网传感器,是一种复合型的传感器,能够同时采集空气温度及湿度信息,并且能够定时上传到物联网网关。本实验以农业温湿度传感器监测场景为例,分析温湿度传感器的采集传输原理及物联网网关业务处理流程,实现农业温度的实时监测功能。系统设计功能及目标如图 2-1 所示。

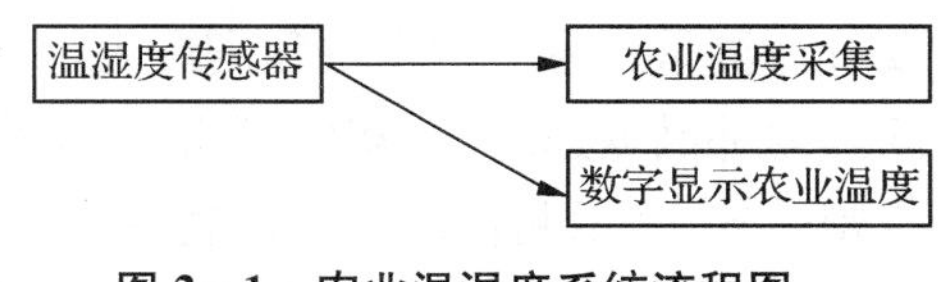

图 2-1　农业温湿度系统流程图

2) 业务流程分析

农业温度采集系统的传输过程分为两个部分:温湿度传感器,物联网网关,通信流程如图 2-2 所示。具体通信描述如下:

（1）温湿度传感器节点通过ZigBee网络与CC2530协调器模块进行组网，物联网网关通过串口与CC2530协调器模块进行串口通信。

（2）温湿度传感器定时发送传感数据给CC2530协调器模块，物联网网关实时监听串口数据，并把得到的数据进行业务处理。

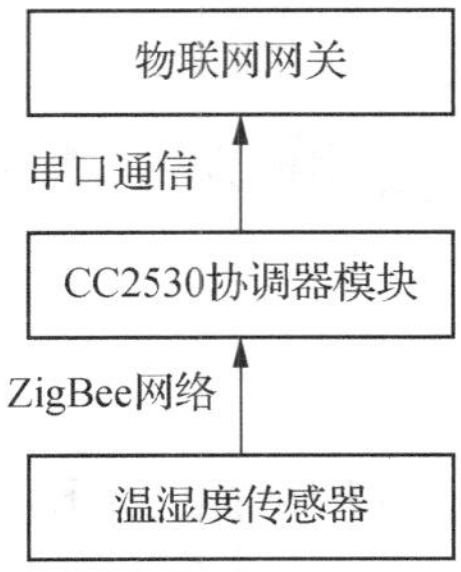

物联网网关
串口通信
CC2530协调器模块
ZigBee网络
温湿度传感器

图2-2　农业温度通信流程图

3）感知层硬件

SHTxx系列单芯片传感器是一款含有已校准数字信号输出的温湿度复合传感器。它应用专利的工业COMS过程微加工技术（CMOSens®），确保产品具有极高的可靠性与卓越的长期稳定性。传感器包括一个电容式聚合体测湿元件和一个能隙式测温元件，并与一个14位的A/D转换器以及串行接口电路在同一芯片上实现无缝连接。因此，该产品具有品质卓越、超快响应、抗干扰能力强、性价比极高等优点。每个SHTxx传感器都在极为精确的湿度校验室中进行校准。校准系数以程序的形式存储在OTP内存中，传感器内部在检测信号的处理过程中要调用这些校准系数。两线制串行接口和内部基准电压，使系统集成变得简易快捷。超小的体积、极低的功耗，使其成为各类应用甚至最为苛刻的应用场合的最佳选择。产品提供表面贴片LCC（无铅芯片）或4针单排引脚封装。

温湿度取值原理如下：

- 发送命令

用一组“启动传输”时序，来表示数据传输的初始化。它包括：当SCK时钟高电平时DATA翻转为低电平，紧接着SCK变为低电平，随后是在SCK时钟高电平时DATA翻转为高电平，如图2-3所示。

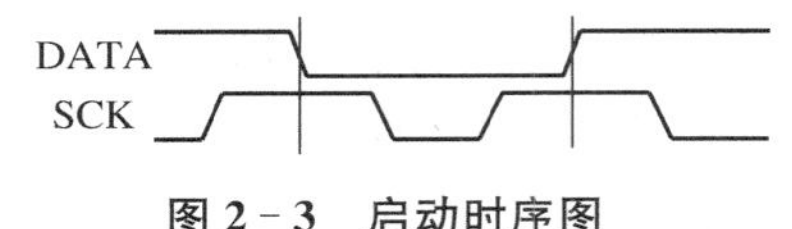

图2-3　启动时序图

后续命令包含三个地址位（目前只支持“000”）和五个命令位。SHTxx会以下述方式表示已正确地接收到指令：在第8个SCK时钟的下降沿之后，将DATA下拉为低电平（ACK位）。在第9个SCK时钟的下降沿之后，释放DATA（恢复高电平）。

- 测量时序（RH和T）

发布一组测量命令（“00000101”表示相对湿度RH，“00000011”表示温度T）后，控制器要等待测量结束。这个过程需要大约20/80/320 ms，分别对应8/12/14 bit测量。确切的时间随内部晶振速度，最多可能有－30％的变化。SHTxx通过下拉DATA至低电平并进入空闲模式，表示测量结束。控制器在再次触发SCK时钟前，必须等待这个“数据备妥”信号来读出数据。检测数据可以先被存储，这样控制器可以继续执行其他任务，在需要时再读出数据。接着传输2个字节的测量数据和1个字节的CRC奇偶校验。需要通过下拉DATA为低电平，以确认每个字节。所有数据从MSB开始，右值有效（例如：对于12bit数据，从第5个SCK时钟起算作MSB；而对于8bit数据，首字节则无意义）。用CRC数据的确认位，表明通信结束。如果不使用CRC-8校验，控制器可以在测量值LSB后，通过保持确认位ACK高电平来中止通信。在测量和通信结束后，SHTxx自动转入休眠模式，如图2-4所示。

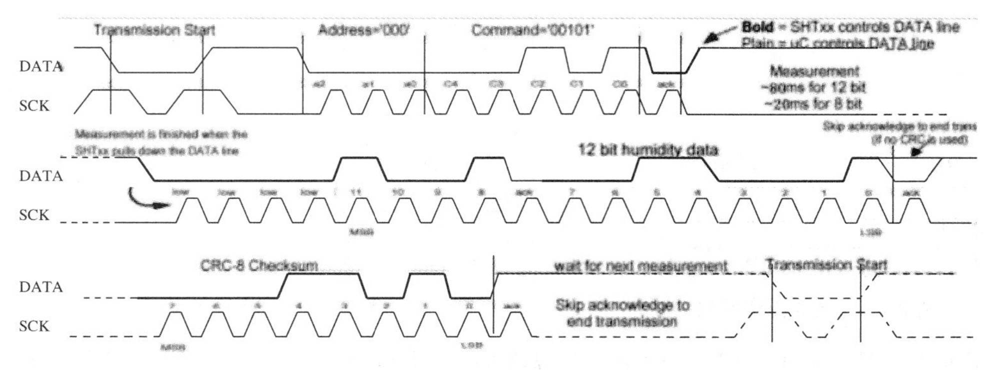

图 2-4　时序图

测量时序举例:“0000’1001’0011’0001”=2353=75.79%RH(未包含温度补偿)

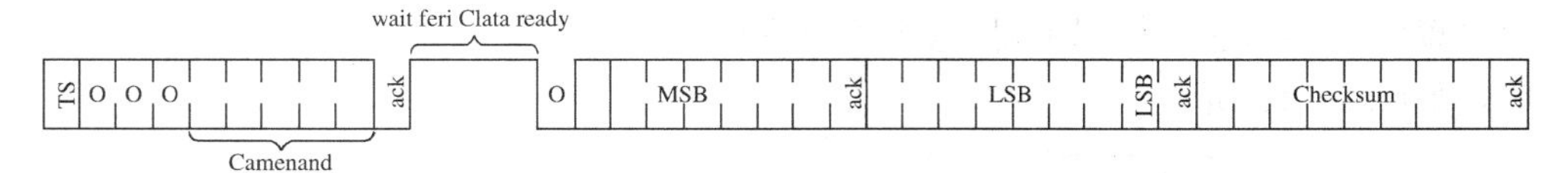

图 2-5　测量时序概览(TS=启动传输)

- 通信复位时序

如果与 SHTxx 通信中断,下列信号时序可以复位串口:当 DATA 保持高电平时,触发 SCK 时钟 9 次或更多。在下一次指令前,发送一个“传输启动”时序。这些时序只复位串口,状态寄存器内容仍然保留,如图 2-6 所示。

- 相对湿度

为了补偿湿度传感器的非线性以获取准确数据,建议使用如下修正输出数值:

简化的修正算法,可参阅应用说明“相对湿度与温度的非线性补偿”。对高于 99%RH 的那些测量值则表示空气已经完全饱和,必须被处理成显示值均为 100%RH。湿度传感器对电压基本上没有依赖性,如图 2-7 所示。

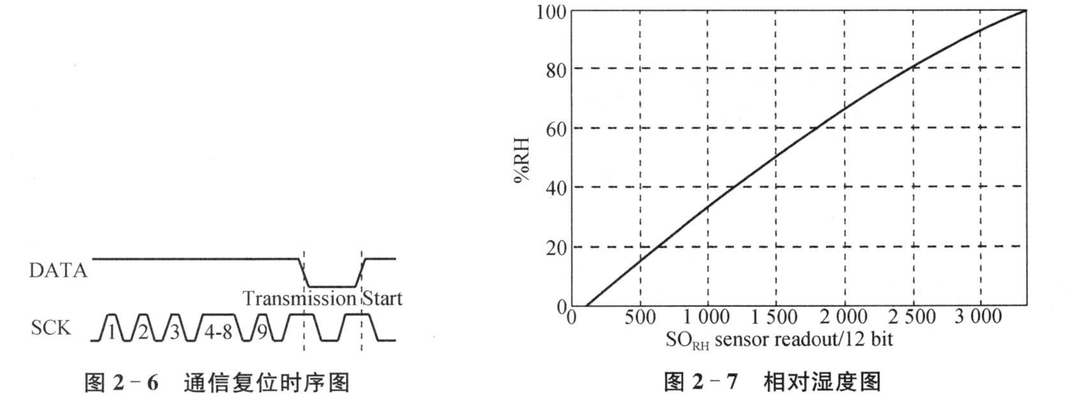

图 2-6　通信复位时序图

图 2-7　相对湿度图

- RH 转换相对湿度

如图 2-8 所示,湿度传感器相对湿度的温度补偿实际测量温度与 25 ℃(77 ℉)相差较大时,应考虑湿度传感器的温度修正系数。

$RH_{linear}=c_1+c_2 \cdot SO_{RH}+c_3 \cdot SO_{RH}^2$

SO_{RH}	c_1	c_2	c_3
12 bit	−4	0.0405	-2.8×10^{-6}
8 bit	−4	0.648	-7.2×10^{-4}

图 2-8 湿度转换系数

$Temperature=d_1+d_2 \cdot SO_T$

Vdd	d_1[°C]	d_1[°F]
5V	−40.00	−40.00
4V	−39.75	−39.55
3.5V[3]	−39.66	−39.39
3V[3]	−39.60	−39.28
2.5V[3]	−39.55	−39.19

SO_T	d_2[°C]	d_2[°F]
14 bit	0.01	0.018
12 bit	0.04	0.072

图 2-9 温度转换系数

温度由能隙材料 PTAT(正比于绝对温度)研发的温度传感器具有极好的线性。可用如图 2-9 公式将数字输出转换为温度值。

由于湿度与温度经由同一块芯片测量而得,因此 SHT10 可以同时实现高质量的露点测量。具体算法可参阅芯片数据手册,这里不再详述。

原理如图 2-10 所示。

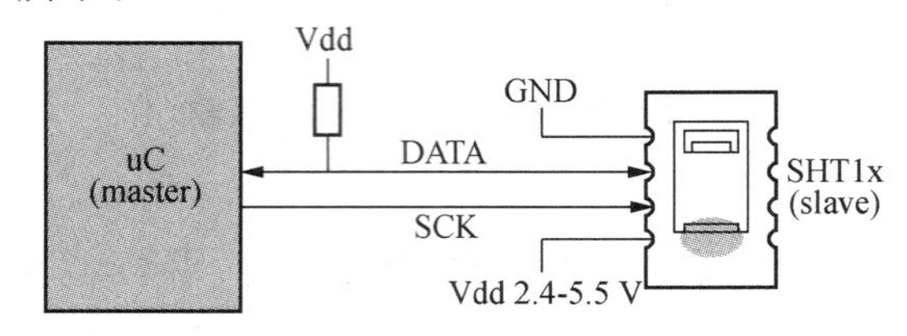

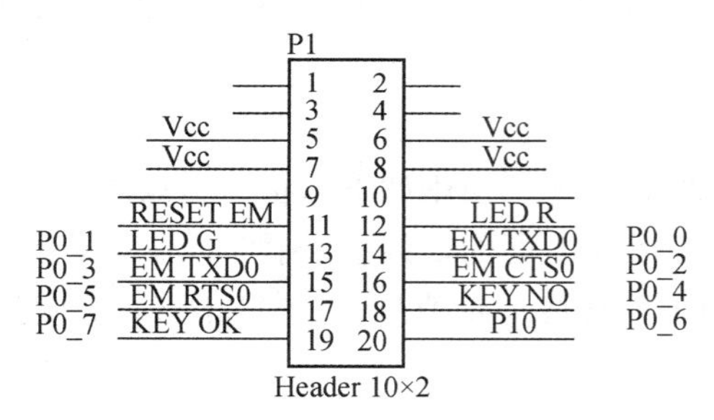

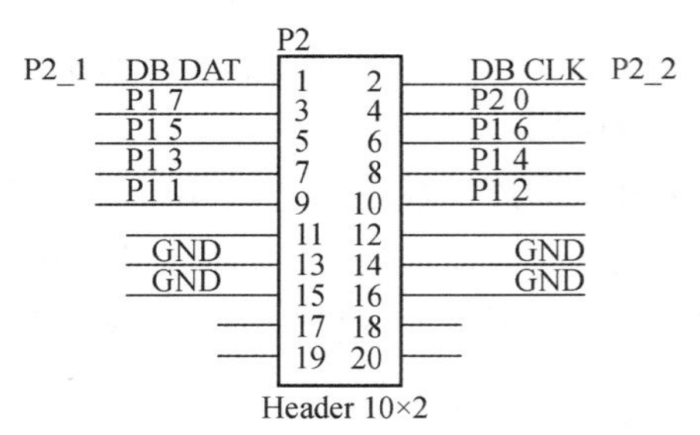

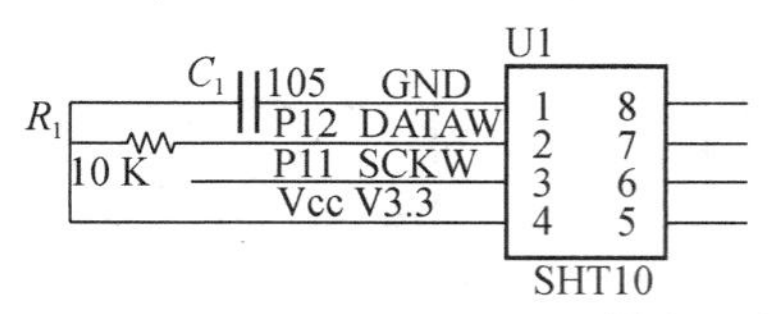

图 2-10 原理图

2.4 实验内容

1) 感知层设计开发

(1) 感知层协议分析

感知层通信协议如表 2-1 所示。

表 2 - 1　感知层通信协议表

数据字节个数							
标志	长度	父节点地址	本节点地址	类型	数据	校验和	MAC 地址
1 字节	1 字节	2 字节	2 字节	1 字节	4 字节	N 字节	8 字节
传感器数据							
传感器名称		类型	数据解析				数据位
温湿度传感器		E 45H	00H(湿度整数),00H(湿度小数)%RH 00H(温度整数),00H(温度小数)℃				4

(2) ZigBee 环境配置

对感知层无线局域网的组网配置主要包含对传感网中 CC2530 协调器模块、13. 56M 高频模块进行配置。具体操作步骤如下：

① 按照表 2 - 2 中参数配置相应 ZigBee 实验节点

表 2 - 2　ZigBee 实验节点参数配置表

设备	参数	值
CC2530 协调器模块	网络号(Pan_id)	根据实验分组设定(0—0XFFFF)
	信道号(Channel)	根据实验分组(11—26)
	类型	根据实际类型配置
传感器节点 (农业温湿度传感器)	网络号(Pan_id)	根据实验分组设定(0—0XFFFF)
	信道号(Channel)	根据实验分组(11—26)
	传感器类型	根据实际类型配置(温湿度:0X45)

② CC2530 协调器模块配置烧写

详细烧写步骤请参考任务 1 农业光线采集的实验内容“1) 感知层设计开发”中的 CC2530 协调器模块配置烧写。

(3) 传感器节点配置烧写

详细烧写步骤请参考任务 1 农业光线采集的实验内容“1) 感知层设计开发”中的传感器节点配置烧写。

2) 物联网网关程序开发

(1) 工程框架介绍。工程框架如表 2 - 3 所示。

表 2-3　工程框架表

包名(类名)	说明
ft. temperature. sixtypecabinet 应用包	
MainActivity. java	传感器数据处理主程序
activity_main. xml	主界面布局文件
serial. utils 应用包	
SerialPort. java	加载动态库. so 文件
SerialZbThread. java	串口通信实时监听线程

（2）业务流程分析。

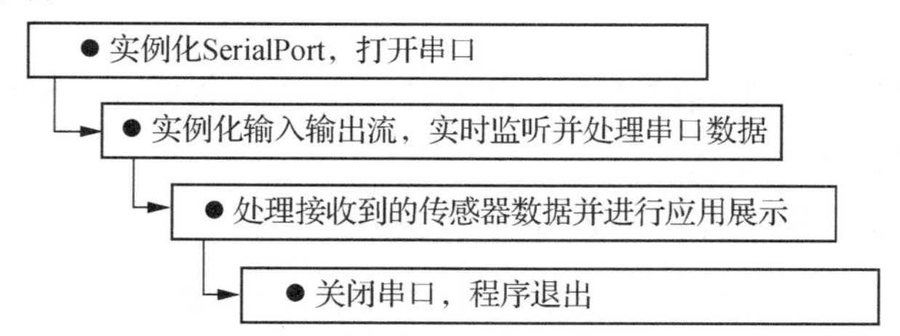

（3）关键程序代码解析。

① 初始化串口及输入输出流。

```
public SerialPort(
            File device,
            int baudrate,
            int nBits,
            char nEvent,
            int nStop,
            int flags) throws SecurityException, IOException
        {
        /*  Check access permission * /
        if (! device.canRead() || ! device.canWrite()) {
          try {
              /*  Missing read/write permission, trying to chmod the file * /
              Process su;
              su =  Runtime.getRuntime().exec("/system/bin/su");
              String cmd =  "chmod 666 " +  device.getAbsolutePath() +  "\n"
                      +  "exit\n";
              su.getOutputStream().write(cmd.getBytes());
              if ((su.waitFor() ! =  0) || ! device.canRead()
                      || ! device.canWrite()) {
                  throw new SecurityException();
              }
```

```
            } catch (Exception e) {
                e.printStackTrace();
                throw new SecurityException();
            }

        }

        mFd = open(device.getAbsolutePath(), baudrate, nBits, nEvent, nStop, flags);
        if (mFd == null) {
          Log.e(TAG, "native open returns null");

          throw new IOException();
        }

        mFileInputStream = new FileInputStream(mFd);
        mFileOutputStream = new FileOutputStream(mFd);
    }
```

② 静态装入 so 文件，声明 JNI 接口类。

```
private native static FileDescriptor open(
            String path, //串口路径
            int baudrate,//波特率
            int nBits,//数据位
            char nVerify,//偶校验位
            int nStop,//停止位
            int flags);
      public native void close();
      public native int sri_Init();
      public native void sri_DeInit();
      public native int sri_IOCTL(int controlcode);
      public native int write( byte[] data);
      public native int read( byte[] buf, int len);
      public native int select(int sec, int usec);
      static {
          System.loadLibrary("serial_port");
      }
```

③ 实例化 SerialPort。

```
private SerialPort mSerialPort = null;
```

④ 初始化串口号、波特率、数据位、校验位及停止位，打开串口，并实例化输入输出流。

```
private void OpenPort() throws SecurityException, IOException {
      if (mSerialPort == null) {
        String path = "/dev/ttyAMA4"; //串口号
```

```
            int baudrate = Integer.decode("38400"); //波特率
            int nbits = Integer.decode("8"); //数据位
            int nstop = Integer.decode("1"); //停止位
            String sVerify = "N";
            char cVerify = sVerify.charAt(0);
            /* Check parameters * /
            if ((path.length() == 0) || (baudrate == -1) || nbits == -1 || nstop == -1
            || cVerify == 'C') {
              Log.d("11111111", "yyyyyyyyyyyyyy");
              throw new InvalidParameterException();
            }
            Log.d("11111111", "11111111111111111111111111111111111");
            /* Open the serial port * /
            mSerialPort = new SerialPort(new File(path), baudrate, nbits, cVerify, nstop, 0);
            Log.d("11111111", "22222222222222222222222222222222222");
            mOutputStream = mSerialPort.getOutputStream();
            mInputStream = mSerialPort.getInputStream();
            mSerialPort.sri_Init();
            mSerialPort.sri_IOCTL(IOCTRL_PMU_BARCODE_TRIG_LOW);
            mSerialPort.sri_IOCTL(IOCTRL_PMU_BARCODE_ON);
            mSerialPort.sri_IOCTL(IOCTRL_PMU_RFID_ON);
            Log.d("11111111", "33333333333333333333333333333333333");
          } else {
            //view1.setText("串口已打开");
            System.out.println("串口已打开");
            return;
          }
        }
```

⑤ 通过线程进行实时监听串口的数据输入，通过抽象类 onRecDataCom(totalPacket, packetLen);传递给主界面。

```
    @ Override
        public void run() {
          super.run();
          while (isRuning) {
            try {
              Thread.sleep(50);
            } catch (InterruptedException e) {
              e.printStackTrace();
            }
            try {
              byte[] bytes = new byte[0];
```

```
            int time = 0;
            while (true) {
              //获取输入流
              int num = mInputStream.available();
              byte[] buffer = new byte[num];
              int ret = mInputStream.read(buffer);
//               Log.e("buffer", bytesToHexString(buffer));
              bytes = byteMerger(bytes, buffer);
//               Log.e("bytes", bytesToHexString(bytes));
            int len = bytes.length;
              if (len > 2) {
                if ((bytes[0] == (byte) 0xFA || bytes[0] == (byte) 0xFD) && ((bytes[1]
                + 6) == len)) {
                  if (iZgibeeRec != null)
                    iZgibeeRec.onRecDataCom(bytes, len);
                  break;
                }
              }
              time++;
              Thread.sleep(50);
              if (time >= 20) //1秒未组完包则丢弃
                break;
            }
          } catch (Exception e) {
            Log.d("error", "error com");
            e.printStackTrace();
          }
        }
      }
```

⑥ 关闭输入输出流、关闭串口。

```
private void closeSerialPort() {
      if (mInputStream != null) {
        try {
          mInputStream.close();
          mInputStream = null;
        } catch (IOException e) {
          e.printStackTrace();
        }
      }
      if (mOutputStream != null) {
        try {
```

```
            mOutputStream.close();
            mOutputStream = null;
          } catch (IOException e) {
            e.printStackTrace();
          }
        }
        if (mSerialPort != null) {
          mSerialPort.close();
          mSerialPort = null;
        }
      }
```

⑦ 更改主界面继承接口“SerialZbThread. IZgibeeRec”。

```
public class MainActivity extends AppCompatActivity implements SerialZbThread.IZgibeeRec
```

⑧ 定义串口线程并初始化。

```
SerialZbThread serialZbThread; //串口线程
//初始化串口线程
      serialZbThread = new SerialZbThread("/dev/ttyAMA4");
      serialZbThread.setiZgibeeRec(this);
      serialZbThread.start();
```

⑨ 重写 onRecDataCom (final byte[] buffer, final int size)方法,对接收到的温湿度节点数据进行分析处理。

```
@ Override
    public void onRecDataCom(final byte[] buffer, int len) {
      runOnUiThread(new Runnable() {
        @ Override
        public void run() {
          //获取到的字节数组转成字符串
          String buff = bytesToHexString(buffer);
          //获取 mac 地址
          String addr = buff.substring(buff.length() - 16, buff.length());
          Log.e("onRecDataCom", "buff:" + buff);
          if (buffer[6] == (byte) 'E') { //温湿度
            //配置 mac 地址
            if (textView != null && StrAddr.isEmpty()) {
              StrAddr = addr;
              textView.setText(StrAddr);
              setToast("MAC 地址配置成功!");
            } else {
              if (StrAddr.equals(addr)) {
                //获取温度
```

```
                String wendu = String.format("% d", buffer[9]) + "." + String.format
("% d", buffer[10]);
                //将温度显示在控件上
                tv.setText(wendu + "℃");
              }
            }
          }
        }
      });
    }
```

⑩ 关闭线程,释放资源。

```
//关闭线程,释放资源
private void close() {
      if (serialZbThread ! = null) {
        serialZbThread.interirupt();
        serialZbThread = null;
      }
    }
```

2.5　实验步骤

1) 硬件环境搭建步骤

(1) 准备一台物联网应用开发实训柜。

(2) 打开工程项目文件,在协议栈中按照实验内容中的配置参数,编译出 CC2530 协调器模块与温湿度传感器的 HEX 烧写文件。

(3) 使用 SmartRF Flash Programmer 工具,把编译出的 HEX 文件分别下载到 CC2530 协调器模块及温湿度传感器节点中。

(4) 把 CC2530 协调器模块及农业温湿度传感器上电组网,并将 CC2530 协调器模块与电脑串口相连。打开串口工具,设置相应参数,读取温湿度节点信息,验证烧写配置是否正确。

2) 物联网网关 Android 应用程序开发步骤

(1) 打开 Android 程序项目工程代码。

(2) 编译工程代码,并把生成的 APK 文件安装到物联网网关中。

(3) 打开"农业温度系统"应用程序,进入应用界面,界面显示当前的温度。

2.6 实验结果

通过 Build→Build APK 生成 APK 软件,如图 2-11 所示。

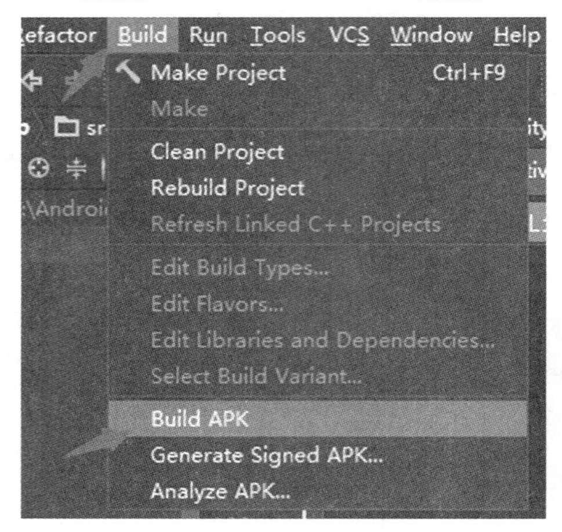

图 2-11 生成 APK 文件

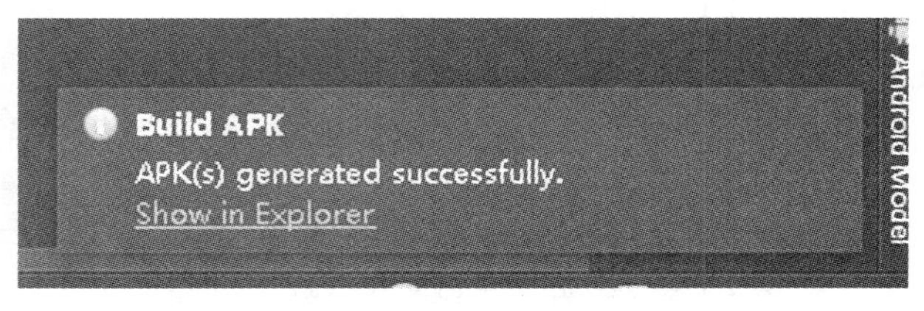

图 2-12 编译完成

等待编译完成之后右下角会弹出如图 2-12 所示提示框。

点击“Show in Explorer”这个蓝色的字体会打开 APK 所在的目录,如图 2-13 所示。

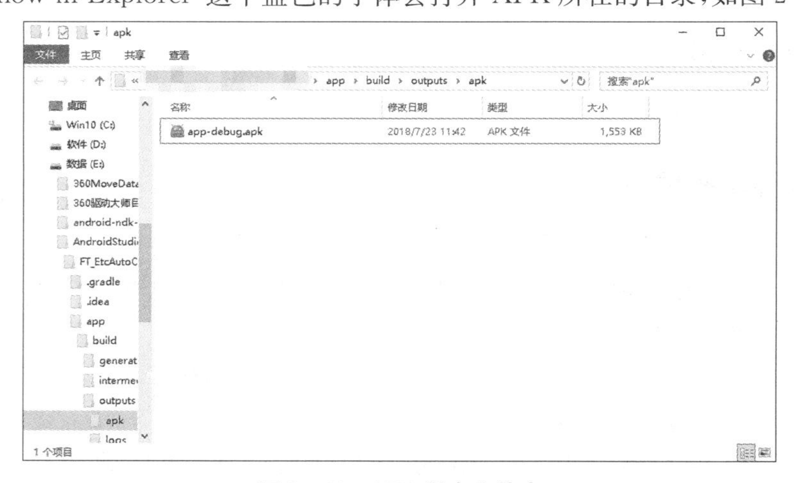

图 2-13 APK 所在文件夹

将此 APK 文件安装在网关上即可。

安装好的 APK 图标如图 2-14 所示。

打开软件,如图 2-15 所示。

图 2-14 安装完成图

图 2－15　APK 界面图

配置 MAC 地址：配置传感器的 MAC 地址。

等待数据上传后实时显示，如图 2－16 所示。

图 2－16　温度实时显示图

2.7　总结

本实验展示了农业温度实时数据显示功能，通过 ZigBee 传输系统可以实现农业温度的实时监测，并通过数字方式显示。实验中使用的温湿度传感器是一种复合型的传感器，可同时采集温度和湿度，因此只要稍作修改就可实时监测湿度。

任务3　智能补光系统

3.1　学习目标

(1) 熟悉物联网应用系统开发的软硬件环境，并能熟练地使用相关的开发软件。

(2) 了解光线传感器数据的定时上报与采集功能及补光灯的开关控制。

(3) 掌握光线传感器 ZigBee 数据通信协议。

(4) 掌握 Android 串口通信编程。

(5) 掌握智能补光系统的开发与调试。

3.2　实验环境

(1) 硬件：光线传感器节点，补光灯，物联网网关，CCDeBugger 仿真器，PC 机，Micro-USB 线/串口线，CC2530 协调器模块，5 V 电源。

(2) 软件：Windows 7/Windows XP，IAR8.10-8051 集成环境，Eclipse Android 开发环境。

3.3　实验原理

1) 系统设计目标

光线传感器节点在亮度的监测中得到广泛应用。本实验以农业智能补光为例，分析光线传感器的采集传输原理及物联网网关业务处理流程，实现光线不足时的智能补光功能。系统设计功能及目标如图 3－1 所示。

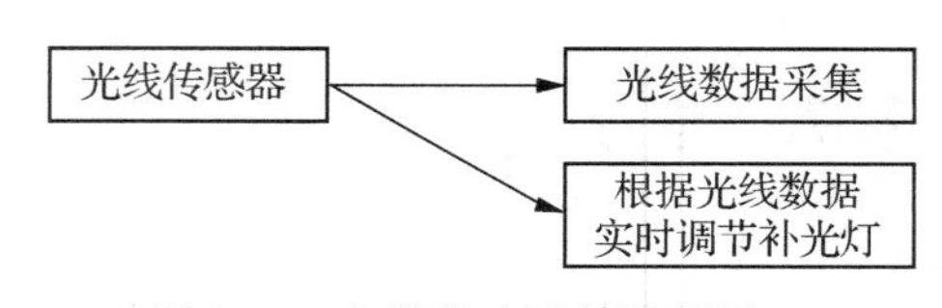

图 3－1　智能补光系统流程图

2) 业务流程分析

智能补光系统的传输过程分为两个部分：光线传感器和补光灯、物联网网关。通信流程如图 3－2 所示。具体通信描述如下：

(1) 光线传感器节点通过 ZigBee 网络与 CC2530 协调器模块进行组网，物联网网关通

过串口与 CC2530 协调器模块进行串口通信。

(2) 光线传感器定时发送传感数据给 CC2530 协调器模块，物联网网关实时监听串口数据，并把得到的数据进行业务处理，再通过 I/O 口对调光灯进行控制，实现农业智能补光功能。

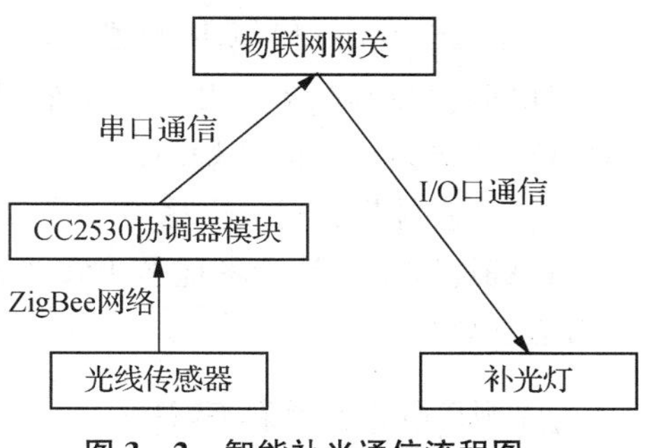

图 3-2　智能补光通信流程图

3.4　实验内容

1) 感知层设计开发

(1) 感知层协议分析

感知层通信协议如表 3-1 所示。

表 3-1　感知层通信协议表

数据字节个数							
标志	长度	父节点地址	本节点地址	类型	数据	校验和	MAC 地址
1 字节	1 字节	2 字节	2 字节	1 字节	1 字节	N 字节	8 字节
传感器数据							
传感器名称		类型	数据解析				数据位
光线传感器		21H	00H(0—255 光线值)				1

(2) ZigBee 环境配置

对感知层无线局域网的组网配置主要包含对传感网中 CC2530 协调器模块、13.56M 高频模块进行配置。具体操作步骤如下：

① 按照表 3-2 中参数配置相应 ZigBee 实验节点

表 3-2　ZigBee 实验节点参数配置表

设备	参数	值
CC2530 协调器模块	网络号(Pan_id)	根据实验分组设定(0—0XFFFF)
	信道号(Channel)	根据实验分组(11—26)
	类型	根据实际类型配置
传感器节点 (光线传感器)	网络号(Pan_id)	根据实验分组设定(0—0XFFFF)
	信道号(Channel)	根据实验分组(11—26)
	传感器类型	根据实际类型配置(光线:0X21)

② CC2530 协调器模块配置烧写

详细烧写步骤请参考任务 1 农业光线采集的实验内容“1）感知层设计开发”中的 CC2530 协调器模块配置烧写。

③ 传感器节点配置烧写

详细烧写步骤请参考任务 1 农业光线采集的实验内容“1）感知层设计开发”中的传感器节点配置烧写。

2）物联网网关程序开发

（1）工程框架介绍。工程框架如表 3－3 所示。

表 3－3　工程框架表

包名（类名）	说明
ft. filllight. sixtypecabinet 应用包	
MainActivity. java	传感器数据处理主程序
activity_main. xml	主界面布局文件
config_code_value_layout. xml	码值配置界面
serial. utils 应用包	
SerialPort. java	加载动态库. so 文件
SerialZbThread. java	串口通信实时监听线程

（2）业务流程分析。

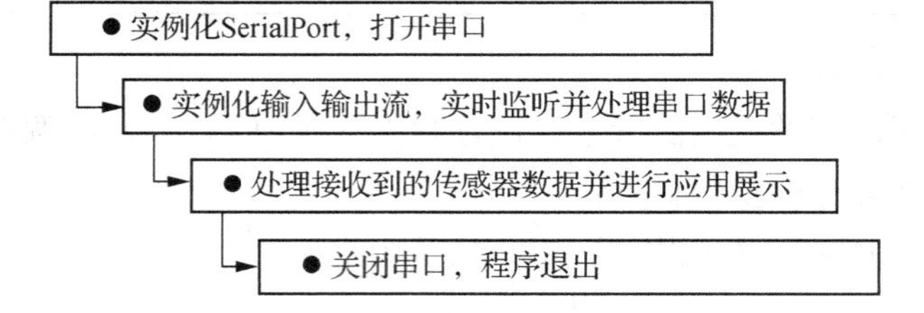

（3）关键程序代码解析。

① 初始化串口及输入输出流。

```
public SerialPort(
            File device,
            int baudrate,
            int nBits,
            char nEvent,
            int nStop,
            int flags) throws SecurityException, IOException
        {
        /*  Check access permission * /
        if (! device.canRead() || ! device.canWrite()) {
```

```
            try {
              /* Missing read/write permission, trying to chmod the file * /
              Process su;
              su = Runtime.getRuntime().exec("/system/bin/su");
              String cmd = "chmod 666 " + device.getAbsolutePath() + "\n"
                    + "exit\n";
              su.getOutputStream().write(cmd.getBytes());
              if ((su.waitFor() ! = 0) || ! device.canRead()
                    || ! device.canWrite()) {
                  throw new SecurityException();
              }
            } catch (Exception e) {
              e.printStackTrace();
              throw new SecurityException();
            }

        }

        mFd = open(device.getAbsolutePath(), baudrate, nBits, nEvent, nStop, flags);
        if (mFd = = null) {
            Log.e(TAG, "native open returns null");

            throw new IOException();
        }

        mFileInputStream = new FileInputStream(mFd);
        mFileOutputStream = new FileOutputStream(mFd);
    }
```

② 静态装入.so 文件，声明 JNI 接口类。

```
private native static FileDescriptor open(
              String path, //串口路径
              int baudrate,//波特率
              int nBits,//数据位
              char nVerify,//偶校验位
              int nStop,//停止位
              int flags);
      public native void close();
      public native int sri_Init();
      public native void sri_DeInit();
      public native int sri_IOCTL(int controlcode);
      public native int write( byte[] data);
```

```
        public native int read( byte[] buf, int len);
        public native int select(int sec, int usec);
        static {
            System.loadLibrary("serial_port");
        }
```

③ 实例化 SerialPort。

```
private SerialPort mSerialPort = null;
```

④ 初始化串口号、波特率、数据位、校验位及停止位，打开串口，并实例化输入输出流。

```
private void OpenPort() throws SecurityException, IOException {
        if (mSerialPort == null) {
            String path = "/dev/ttyAMA4"; //串口号
            int baudrate = Integer.decode("38400"); //波特率
            int nbits = Integer.decode("8"); //数据位
            int nstop = Integer.decode("1"); //停止位
            String sVerify = "N";
            char cVerify = sVerify.charAt(0);
             /* Check parameters */
            if ((path.length() == 0) || (baudrate == -1) || nbits == -1 || nstop == -1
|| cVerify == 'C') {
              Log.d("11111111", "yyyyyyyyyyyyyy");
              throw new InvalidParameterException();
            }
            Log.d("11111111", "11111111111111111111111111111111");
            /* Open the serial port */
            mSerialPort = new SerialPort(new File(path), baudrate, nbits, cVerify, nstop, 0);
            Log.d("11111111", "22222222222222222222222222222222");
            mOutputStream = mSerialPort.getOutputStream();
            mInputStream = mSerialPort.getInputStream();
            mSerialPort.sri_Init();
            mSerialPort.sri_IOCTL(IOCTRL_PMU_BARCODE_TRIG_LOW);
            mSerialPort.sri_IOCTL(IOCTRL_PMU_BARCODE_ON);
            mSerialPort.sri_IOCTL(IOCTRL_PMU_RFID_ON);
            Log.d("11111111", "33333333333333333333333333333333");
        } else {
            //view1.setText("串口已打开");
            System.out.println("串口已打开");
            return;
        }
    }
```

⑤ 通过线程进行实时监听串口的数据输入，通过抽象类 onRecDataCom(totalPacket,

packetLen);传递给主界面。

```
@ Override
    public void run() {
      super.run();
      while (isRuning) {
        try {
          Thread.sleep(50);
        } catch (InterruptedException e) {
          e.printStackTrace();
        }
        try {
          byte[] bytes =  new byte[0];
          int time =  0;
          while (true) {
            //获取输入流
            int num =  mInputStream.available();
            byte[] buffer =  new byte[num];
            int ret =  mInputStream.read(buffer);
//            Log.e("buffer", bytesToHexString(buffer));
            bytes =  byteMerger(bytes, buffer);
//            Log.e("bytes", bytesToHexString(bytes));
            int len =  bytes.length;
            if (len >  2) {
              if ((bytes[0] = =  (byte) 0xFA || bytes[0] = =  (byte) 0xFD) && ((bytes[1]
+  6) = =  len)) {
                if (iZgibeeRec ! =  null)
                  iZgibeeRec.onRecDataCom(bytes, len);
                break;
              }
            }
            time+ + ;
            Thread.sleep(50);
            if (time > =  20) //1秒未组完包则丢弃
              break;
          }
        } catch (Exception e) {
          Log.d("error", "error com");
          e.printStackTrace();
        }
      }
    }
```

⑥ 关闭输入输出流、关闭串口。

```
private void closeSerialPort() {
      if (mInputStream ! = null) {
        try {
          mInputStream.close();
          mInputStream = null;
        } catch (IOException e) {
          e.printStackTrace();
        }
      }
      if (mOutputStream ! = null) {
        try {
          mOutputStream.close();
          mOutputStream = null;
        } catch (IOException e) {
          e.printStackTrace();
        }
      }
      if (mSerialPort ! = null) {
        mSerialPort.close();
        mSerialPort = null;
      }
    }
```

⑦ 更改主界面继承接口“SerialZbThread. IZgibeeRec”。

```
public class MainActivity extends AppCompatActivity implements SerialZbThread.IZgibeeRec
```

⑧ 定义串口线程并初始化。

```
SerialZbThread serialZbThread; //串口线程
//初始化串口线程
      serialZbThread = new SerialZbThread("/dev/ttyAMA4");
      serialZbThread.setiZgibeeRec(this);
      serialZbThread.start();
```

⑨ 重写 onRecDataCom (final byte[] buffer, final int size)方法，对接收到的 FTlink 红外学习节点和光线节点的数据进行分析处理。

```
@ Override
    public void onRecDataCom(final byte[] buffer, int len) {
      runOnUiThread(new Runnable() {
        @ Override
        public void run() {
          //获取到的字节数组转成字符串
          String buff = bytesToHexString(buffer);
```

```
//获取 mac 地址
String addr = buff.substring(buff.length() - 16, buff.length());
Log.e("onRecDataCom", "buff:" + buff);
if (buffer[6] == (byte) 0x25) { //FTlink 红外学习
  //配置 MAC 地址
  if (textView != null && StrAddr.isEmpty()) {
    StrAddr = addr;
    textView.setText("FTlink 地址:" + StrAddr +
        "\n 光线地址:" + lightAddr);
    setToast("FTlink 地址配置成功!");
  }
    switch (buffer[10]) {
      case (byte) 0x51: //固定码发射回复
        switch (buffer[11]) {
        case (byte) 0xa3: //315
        case (byte) 0xa4: //433
          setToast("发送成功!");
          switch (NowButton) { //当前点击的按钮
            case R.id.but_open: //打开
              image.setImageResource(R.mipmap.ico_light_open);
              break;
            case R.id.but_close: //关闭
              image.setImageResource(R.mipmap.ico_light_close);
              break;
          }
          break;
      }
      break;
  }
} else if (buffer[6] == (byte) 0x21) { //光线
  //配置 MAC 地址
  if (textView != null && lightAddr.isEmpty()) {
    lightAddr = addr;
    textView.setText("FTlink 地址:" + StrAddr +
          "\n 光线地址:" + lightAddr);
    setToast("光线地址配置成功!");
  } else {
    if (lightAddr.equals(addr)) {
      //获取光线
      String value = String.format("% d", buffer[7]);
      if (threshold != null) {
```

```
                    threshold.setHint("当前设置的阈值是:" + iThreshold + " 当前光线值:" +
value + "Lux");
                }
                //控件显示
                tv.setText(value + "Lux");
                if (Float.parseFloat(value) > iThreshold) { //当前值大于阈值 打开补光灯
                  if (NowButton == R.id.but_close) { //当前状态是关闭
                    //打开风扇
                    if (! StrAddr.isEmpty())
                      openFT();
                  }
                } else { //当前值小于等于阈值 关闭补光灯
                  if (NowButton == R.id.but_open) { //当前状态是打开
                    //关闭补光灯
                    if (! StrAddr.isEmpty())
                      closeFT();
                  }
                }
              }
            }
          }
        }
      });
    }
```

⑩ 关闭线程,释放资源。

```
//关闭线程,释放资源
private void close() {
      if (serialZbThread != null) {
        serialZbThread.interrupt();
        serialZbThread = null;
      }
    }
```

3.5 实验步骤

1) 硬件环境搭建步骤

(1) 准备一台物联网应用开发实训柜。

(2) 打开工程项目文件;在协议栈中按照实验内容中的配置参数,编译出 CC2530 协调

器模块与光线传感器的 HEX 烧写文件。

(3) 使用 SmartRF Flash Programmer 工具,把编译出的 Hex 文件分别下载到 CC2530 协调器模块及光线传感器节点中。

(4) 把 CC2530 协调器模块及光线传感器上电组网,并将 CC2530 协调器模块与电脑串口相连。打开串口工具,设置相应参数,读取光线节点信息,验证烧写配置是否正确。

2) 物联网网关 Android 应用程序开发步骤

(1) 打开 Android 程序项目工程代码。

(2) 编译工程代码,并把生成的 APK 文件安装到物联网网关中。

(3) 打开"智能补光系统"应用程序,进入应用界面,界面控制补光灯开关。

3.6　实验结果

通过 Build→Build APK 生成 APK 软件,如图 3 - 3 所示。

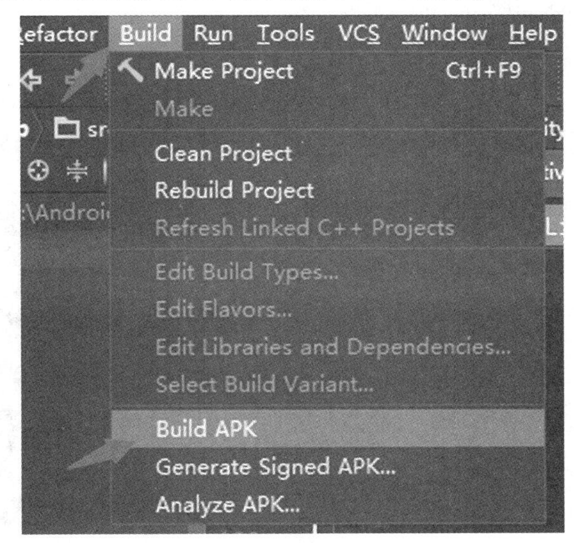

图 3 - 3　生成 APK 文件

等待编译完成之后右下角会弹出如图 3 - 4 所示提示框。

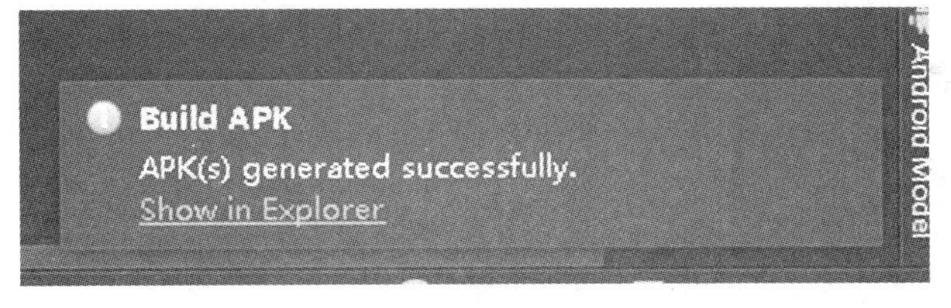

图 3 - 4　编译完成

点击“Show in Explorer”这个蓝色的字体会打开 APK 所在的目录，如图 3 - 5 所示。

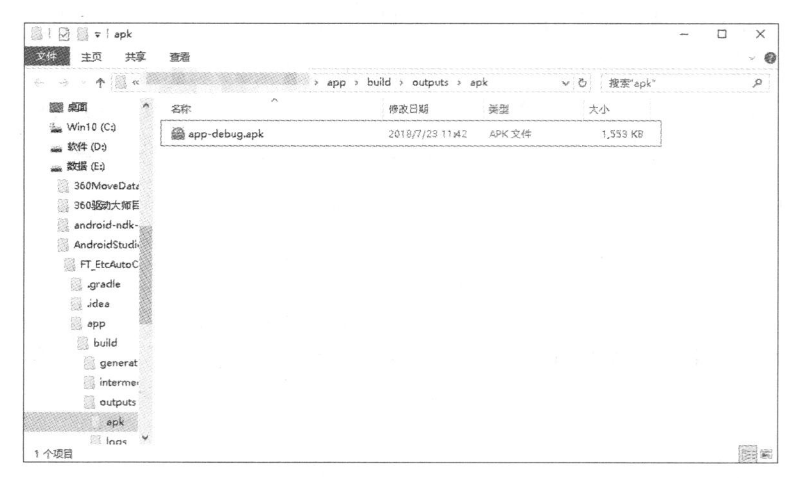

图 3 - 5　APK 所在文件夹

将此 APK 文件安装在网关上即可。

安装好的 APK 图标如图 3 - 6 所示。

打开软件，如图 3 - 7 所示。

图 3 - 6　安装完成图

图 3 - 7　APK 界面图

配置 MAC 地址：配置传感器的 MAC 地址。

码值学习：强电模块的码值学习，界面如图 3 - 8 所示。

码值会随机生成，将强电模块进入到学习状态，点击调试按钮即可将码值学习到模块中，最后别忘了点击“绑定”按钮（如果不点击“绑定”按钮，下次再点击码值学习按钮时码值会变的）。

码值绑定完之后便可以在主界面对强电模块进行打开、关闭的操作了。

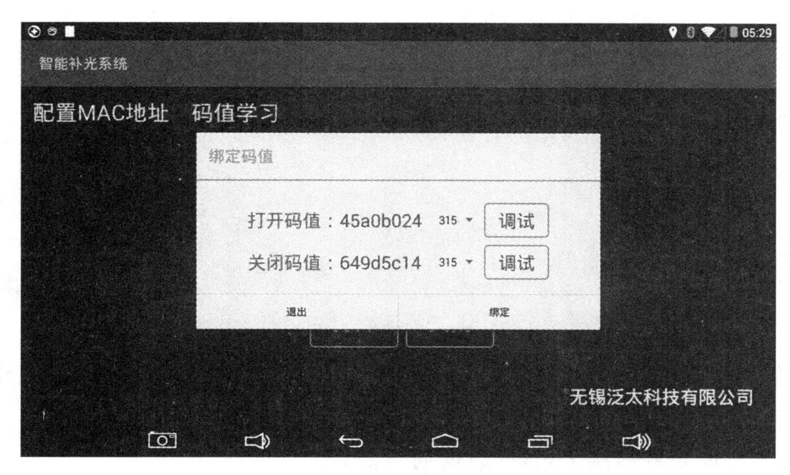

图 3-8 控制界面图

3.7 总结

本实验展示了光线传感器的实时数据采集，通过 ZigBee 传输系统，根据光线的预设值开启补光灯来实现智能补光功能，开发者可以根据自己的要求修改相应的图标及用户界面，熟悉 Android 物联网网关编程。

任务4 智能通风系统

4.1 学习目标

(1) 熟悉物联网应用系统开发的软硬件环境，并能熟练地使用相关的开发软件。

(2) 了解空气质量传感器数据的定时上报与采集功能及风扇的开关控制。

(3) 掌握空气质量传感器 ZigBee 数据通信协议。

(4) 掌握 Android 串口通信编程。

(5) 掌握智能通风系统的开发与调试。

4.2 实验环境

(1) 硬件：空气质量传感器节点，风扇，物联网网关，CCDeBugger 仿真器，PC 机，Micro-USB 线/串口线，CC2530 协调器模块，5 V 电源。

(2) 软件：Windows 7/Windows XP，IAR8.10-8051 集成环境，Eclipse Android 开发环境。

4.3 实验原理

1) 系统设计目标

空气质量传感器节点在空气质量的监测中得到广泛应用，主要应用于各种空气净化装置和小家电产品，对酒精、香烟、氨气、硫化物等各种污染源都有极高的灵敏度，产品响应时间快，工作稳定，价格便宜。本实验以智能通风为例，分析空气质量传感器的采集传输原理及物联网网关业务处理流程，实现空气质量较差时的智能通风。系统设计功能及目标如图 4-1 所示。

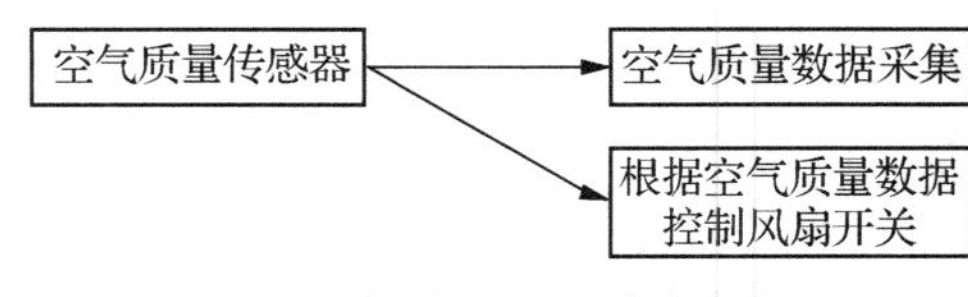

图 4-1 智能通风系统流程图

2) 业务流程分析

智能通风系统的传输过程分为两个部分：空气质量传感器和风扇、物联网网关。通信流程如图 4-2 所示。具体通信描述如下：

(1) 空气质量传感器节点通过 ZigBee 网络与 CC2530 协调器模块进行组网，物联网网关通过串口与 CC2530 协调器模块进行串口通信。

(2) 空气质量传感器定时发送传感数据给 CC2530 协调器模块，物联网网关实时监听串口数据，并把得到的数据进行业务处理，再通过 I/O 口对风扇进行控制，实现农业智能通风功能。

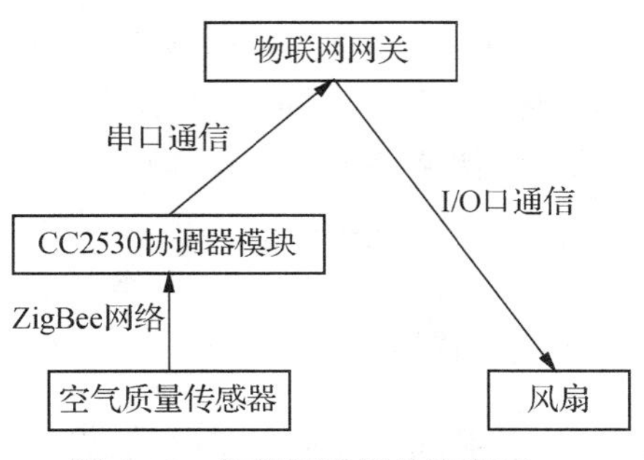

图 4-2　智能通风通信流程图

4.4　实验内容

1) 感知层设计开发

(1) 感知层协议分析

感知层通信协议如表 4-1 所示。

表 4-1　感知层通信协议表

数据字节个数							
标志	长度	父节点地址	本节点地址	类型	数据	校验和	MAC 地址
1 字节	1 字节	2 字节	2 字节	1 字节	4 字节	N 字节	8 字节

(2) ZigBee 环境配置

对感知层无线局域网的组网配置主要包含对传感网中 CC2530 协调器模块、13.56M 高频模块进行配置。具体操作步骤如下：

① 按照表 4-2 中参数配置相应 ZigBee 实验节点

表 4-2　ZigBee 实验节点参数配置表

设备	参数	值
CC2530 协调器模块	网络号(Pan_id)	根据实验分组设定(0—0XFFFF)
	信道号(Channel)	根据实验分组(11—26)
	类型	根据实际类型配置
传感器节点 (空气质量传感器)	网络号(Pan_id)	根据实验分组设定(0—0XFFFF)
	信道号(Channel)	根据实验分组(11—26)
	传感器类型	根据实际类型配置

② CC2530 协调器模块配置烧写

详细烧写步骤请参考任务 1 农业光线采集的实验内容“1）感知层设计开发”中的CC2530 协调器模块配置烧写。

③ 传感器节点配置烧写

详细烧写步骤请参考任务 1 农业光线采集的实验内容“1）感知层设计开发”中的传感器节点配置烧写。

2）物联网网关程序开发

（1）工程框架介绍。

工程框架如表 4－3 所示。

表 4－3　工程框架表

包名(类名)	说明
ft. aeration. sixtypecabinet 应用包	
MainActivity. java	传感器数据处理主程序
activity_main. xml	主界面布局文件
config_code_value_layout. xml	码值配置界面
serial. utils 应用包	
SerialPort. java	加载动态库. so 文件
SerialZbThread. java	串口通信实时监听线程

（2）业务流程分析。

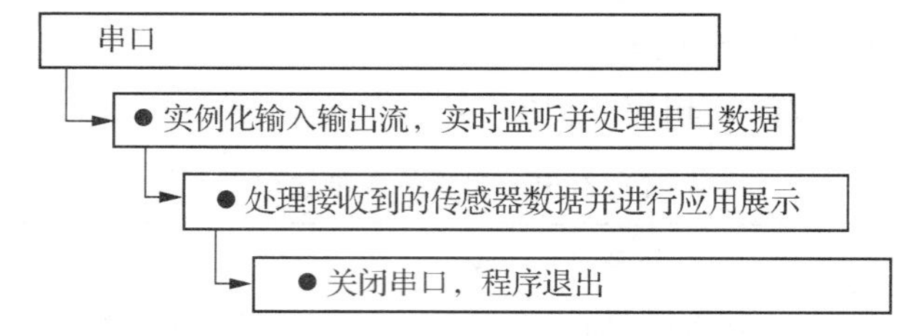

（3）关键程序代码解析。

① 初始化串口及输入输出流。

```
public SerialPort(
            File device,
            int baudrate,
            int nBits,
            char nEvent,
            int nStop,
            int flags) throws SecurityException, IOException
        {
```

```
        /* Check access permission * /
        if (! device.canRead() || ! device.canWrite()) {
            try {
              /* Missing read/write permission, trying to chmod the file * /
              Process su;
              su = Runtime.getRuntime().exec("/system/bin/su");
              String cmd = "chmod 666 " + device.getAbsolutePath() + "\n"
                      + "exit\n";
              su.getOutputStream().write(cmd.getBytes());
              if ((su.waitFor() ! = 0) || ! device.canRead()
                      || ! device.canWrite()) {
                  throw new SecurityException();
              }
            } catch (Exception e) {
              e.printStackTrace();
              throw new SecurityException();
            }

        }

        mFd = open(device.getAbsolutePath(), baudrate, nBits, nEvent, nStop, flags);
        if (mFd = = null) {
            Log.e(TAG, "native open returns null");

            throw new IOException();
        }

        mFileInputStream = new FileInputStream(mFd);
        mFileOutputStream = new FileOutputStream(mFd);
    }
```

② 静态装入.so文件，声明JNI接口类。

```
private native static FileDescriptor open(
              String path, //串口路径
              int baudrate,//波特率
              int nBits,//数据位
              char nVerify,//偶校验位
              int nStop,//停止位
              int flags);
    public native void close();
    public native int sri_Init();
    public native void sri_DeInit();
```

```
public native int sri_IOCTL(int controlcode);
public native int write( byte[] data);
public native int read( byte[] buf, int len);
public native int select(int sec, int usec);
static {
    System.loadLibrary("serial_port");
}
```

③ 实例化 SerialPort。

```
private SerialPort mSerialPort =  null;
```

④ 初始化串口号、波特率、数据位、校验位及停止位，打开串口，并实例化输入输出流。

```
private void OpenPort() throws SecurityException, IOException {
        if (mSerialPort = =  null) {
          String path =  "/dev/ttyAMA4"; //串口号
          int baudrate =  Integer.decode("38400"); //波特率
          int nbits =  Integer.decode("8"); //数据位
          int nstop =  Integer.decode("1"); //停止位
          String sVerify =  "N";
          char cVerify =  sVerify.charAt(0);
           /*  Check parameters * /
          if ((path.length() = =  0) || (baudrate = =  - 1) || nbits = =  - 1 || nstop = =  - 1
|| cVerify = =  'C') {
            Log.d("11111111", "yyyyyyyyyyyyyy");
            throw new InvalidParameterException();
          }
          Log.d("11111111", "1111111111111111111111111111111111");
          /*  Open the serial port * /
          mSerialPort =  new SerialPort(new File(path), baudrate, nbits, cVerify, nstop, 0);
          Log.d("11111111", "2222222222222222222222222222222222");
          mOutputStream =  mSerialPort.getOutputStream();
          mInputStream =  mSerialPort.getInputStream();
          mSerialPort.sri_Init();
          mSerialPort.sri_IOCTL(IOCTRL_PMU_BARCODE_TRIG_LOW);
          mSerialPort.sri_IOCTL(IOCTRL_PMU_BARCODE_ON);
          mSerialPort.sri_IOCTL(IOCTRL_PMU_RFID_ON);
          Log.d("11111111", "3333333333333333333333333333333333");
        } else {
          //view1.setText("串口已打开");
          System.out.println("串口已打开");
          return;
        }
    }
```

⑤ 通过线程进行实时监听串口的数据输入，通过抽象类 onRecDataCom(totalPacket, packetLen);传递给主界面。

```
@ Override
    public void run() {
      super.run();
      while (isRuning) {
        try {
          Thread.sleep(50);
        } catch (InterruptedException e) {
          e.printStackTrace();
        }
        try {
          byte[] bytes =  new byte[0];
          int time =  0;
          while (true) {
            //获取输入流
            int num =  mInputStream.available();
            byte[] buffer =  new byte[num];
            int ret =  mInputStream.read(buffer);
//             Log.e("buffer", bytesToHexString(buffer));
            bytes =  byteMerger(bytes, buffer);
//             Log.e("bytes", bytesToHexString(bytes));
            int len =  bytes.length;
            if (len >  2) {
              if ((bytes[0] = =  (byte) 0xFA || bytes[0] = =  (byte) 0xFD) && ((bytes[1] +
6) = =  len)) {
                if (iZgibeeRec ! =  null)
                  iZgibeeRec.onRecDataCom(bytes, len);
                break;
              }
            }
            time+ + ;
            Thread.sleep(50);
            if (time > =  20) //1秒未组完包则丢弃
              break;
          }
        } catch (Exception e) {
          Log.d("error", "error com");
          e.printStackTrace();
        }
      }
```

```
    }
```

⑥ 关闭输入输出流、关闭串口。

```
private void closeSerialPort() {
      if (mInputStream != null) {
        try {
          mInputStream.close();
          mInputStream = null;
        } catch (IOException e) {
          e.printStackTrace();
        }
      }
      if (mOutputStream != null) {
        try {
          mOutputStream.close();
          mOutputStream = null;
        } catch (IOException e) {
          e.printStackTrace();
        }
      }
      if (mSerialPort != null) {
        mSerialPort.close();
        mSerialPort = null;
      }
    }
```

⑦ 更改主界面继承接口“SerialZbThread. IZgibeeRec”。

```
public class MainActivity extends AppCompatActivity implements SerialZbThread.IZgibeeRec
```

⑧ 定义串口线程并初始化。

```
SerialZbThread serialZbThread; //串口线程
//初始化串口线程
      serialZbThread = new SerialZbThread("/dev/ttyAMA4");
      serialZbThread.setiZgibeeRec(this);
      serialZbThread.start();
```

⑨ 重写 onRecDataCom (final byte[] buffer, final int size)方法，对接收到的 FTlink 红外学习节点、双数码管节点和空气质量传感器节点的数据进行分析处理。

```
@Override
    public void onRecDataCom(final byte[] buffer, int len) {
      runOnUiThread(new Runnable() {
        @Override
        public void run() {
          //获取到的字节数组转成字符串
```

```
String buff = bytesToHexString(buffer);
//获取 mac 地址
String addr = buff.substring(buff.length() - 16, buff.length());
Log.e("onRecDataCom", "buff:" + buff);
switch (buffer[6]) {
  case (byte) 0x25: //FTlink 红外学习
    //配置 mac 地址
    if (textView ! = null && StrAddr.isEmpty()) {
      StrAddr = addr;
      textView.setText("FTlink 地址:" + StrAddr +
          "\n 双数码管地址:" + yuyinAddr +
          "\n 空气质量传感器地址:" + tempAddr);
      setToast("FTlink 地址配置成功!");
    }
    switch (buffer[10]) {
      case (byte) 0x51: //固定码发射回复
        switch (buffer[11]) {
          case (byte) 0xa3: //315
          case (byte) 0xa4: //433
            setToast("发送成功!");
            switch (NowButton) { //当前点击的按钮
              case R.id.but_open: //打开
                if (rotate ! = null) {
                  image.startAnimation(rotate);
                } else {
                  image.setAnimation(rotate);
                  image.startAnimation(rotate);
                }
                break;
              case R.id.but_close: //关闭
                image.clearAnimation();
                break;
            }
            break;
        }
        break;
    }
    break;
  case (byte) 0X66: //双数码管
    //配置 MAC 地址
    if (textView ! = null && yuyinAddr.isEmpty()) {
```

```
                yuyinAddr = addr;
                textView.setText("FTlink地址:" + StrAddr +
                      "\n双数码管地址:" + yuyinAddr +
                      "\n空气质量传感器地址:" + tempAddr);
                setToast("双数码管地址配置成功!");
              }
              break;
            case (byte) 0x45: //空气质量
              //配置MAC地址
              if (textView ! = null && tempAddr.isEmpty()) {
                tempAddr = addr;
                textView.setText("FTlink地址:" + StrAddr +
                    "\n双数码管地址:" + yuyinAddr +
                    "\n空气质量地址:" + tempAddr);
                setToast("空气质量地址配置成功!");
              } else {
                if (tempAddr.equals(addr)) {
                  //获取空气质量
                   String wendu = String.format("% d", buffer[9]) + "." + String.
format("% d", buffer[10]);
                  if (threshold ! = null) {
                    threshold.setHint("当前设置的阈值是:" + iThreshold + "当前温度
值:" + wendu + "℃");
                    }
                    //控件显示
                    tv.setText(wendu + "℃");
                    //双数码管
                  if (! yuyinAddr.isEmpty())
   serialZbThread.sendZigBee(shumaguan(Integer.parseInt(String.format("% d", buffer[9])),
                        hexStringToByte(yuyinAddr)));
                  if (Float.parseFloat(wendu) > iThreshold) { //当前值大于阈值 打开风扇
                    if (NowButton = = R.id.but_close) { //当前状态是关闭
                      //打开风扇
                      if (! StrAddr.isEmpty())
                        openFT();
                    }
                  } else { //当前值小于等于阈值 关闭风扇
                    if (NowButton = = R.id.but_open) { //当前状态是打开
                          //关闭风扇
                      if (! StrAddr.isEmpty())
                        closeFT();
```

```
                    }
                }
            }
        }
        break;
    }
  }
});
}
```

⑩ 给双数码管发送数据。

```
/* *
 * 双数码管
 *
 * @ param num 显示的数字
 * @ param mac 节点 MAC 地址
 * @ return
 * /
private byte[] shumaguan(int num, byte[] mac) {
  byte[] buf = new byte[7 + 2 + 2 + 1 + 8];
  buf[0] = (byte) 0xfd;
  buf[1] = (byte) (buf.length - 6);
  buf[6] = (byte) 0X66;
  buf[7] = (byte) 0x0f;
  buf[8] = (byte) 0x0f;
  buf[9] = (byte) num;
  buf[10] = (byte) 0xaa;
  //mac 组包
  System.arraycopy(mac, 0, buf, buf.length - 8, mac.length);
  return buf;
}
```

⑪ 关闭线程，释放资源。

```
//关闭线程,释放资源
private void close() {
      if (serialZbThread ! = null) {
        serialZbThread.interrupt();
        serialZbThread = null;
      }
}
```

4.5 实验步骤

1) 硬件环境搭建步骤

(1) 准备一台物联网应用开发实训柜。

(2) 打开工程项目文件;在协议栈中按照实验内容中的配置参数,编译出 CC2530 协调器模块与空气质量传感器的 HEX 烧写文件。

(3) 使用 SmartRF Flash Programmer 工具,把编译出的 HEX 文件分别下载到 CC2530 协调器模块及空气质量传感器节点中。

(4) 把 CC2530 协调器模块及空气质量传感器上电组网,并将 CC2530 协调器模块与电脑串口相连。打开串口工具,设置相应参数,读取空气质量节点信息,验证烧写配置是否正确。

2) 物联网网关 Android 应用程序开发步骤

(1) 打开 Android 程序项目工程代码。

(2) 编译工程代码,并把生成的 APK 文件安装到物联网网关中。

(3) 打开"智能通风系统"应用程序,进入应用界面,界面控制风扇开关。

4.6 实验结果

通过 Build→Build APK 生成 APK 软件,如图 4-3 所示。

等待编译完成之后右下角会弹出如图 4-4 所示提示框。

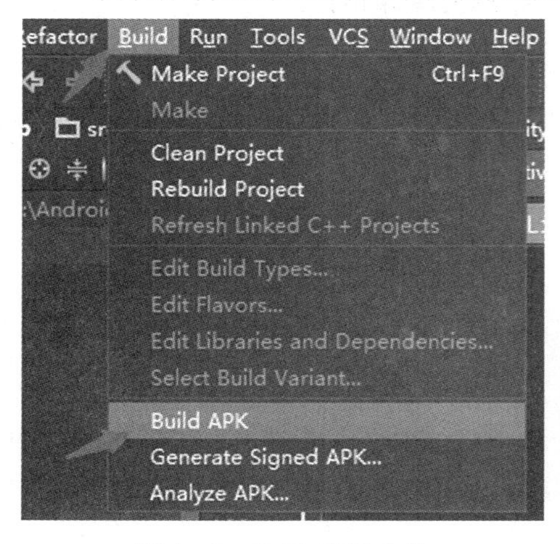

图 4-3　生成 APK 文件

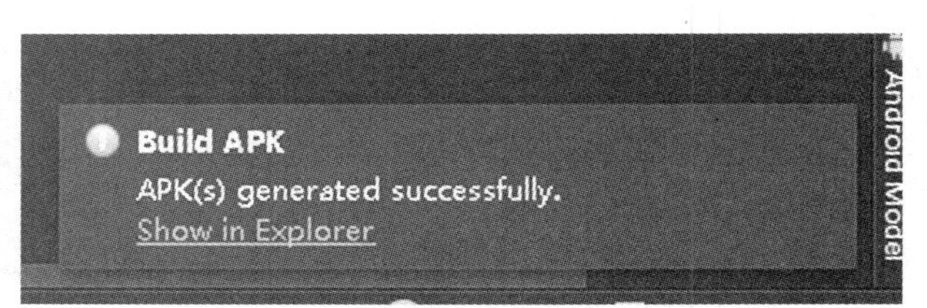

图 4-4　编译完成

点击“Show in Explorer”这个蓝色的字体会打开 APK 所在的目录，如图 4－5 所示。

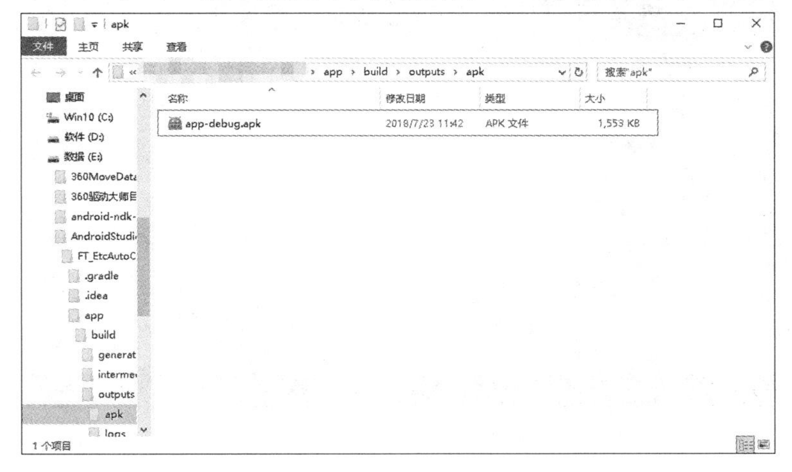

图 4－5　APK 所在文件夹

将此 APK 文件安装在网关上即可。

安装好的 APK 图标如图 4－6 所示。

打开软件，如图 4－7 所示。

图 4－6　安装完成图

图 4－7　APK 界面图

配置 MAC 地址：配置传感器的 MAC 地址。

码值学习：强电模块的码值学习，界面如图 4－8 所示。

码值会随机生成，将强电模块进入到学习状态，点击调试按钮即可将码值学习到模块中，最后别忘了点击“绑定”按钮（如果不点击“绑定”按钮，下次再点击码值学习按钮时码值会变的）。

码值绑定完之后便可以在主界面对强电模块进行打开、关闭的操作了。

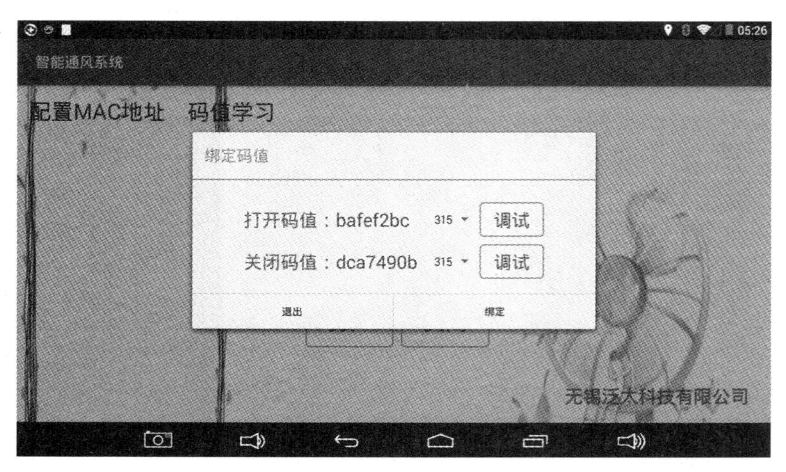

图 4－8 控制界面图

4.7 总结

本实验展示了空气质量传感器节点实时采集数据，通过 ZigBee 传输系统，根据空气的质量开关风扇，实现农业智能通风功能。

项目二　智能家居应用开发

智能家居通过物联网技术将家中的各种设备(如音视频设备、照明系统、窗帘控制、空调控制、安防系统、数字影院系统、影音服务器、网络家电等)连接到一起,提供家电控制、照明控制、电话远程控制、室内外遥控、防盗报警、环境监测以及可编程定时控制等多种功能和手段。本实训系统通过 ZigBee 协调器和传感控制节点组成无线网络,采集室内温度、湿度和光照度,实现燃气与烟雾探测、入侵探测、门窗防撬、紧急求助报警等功能,并将采集到的数据传输到服务器,对模拟的家电设备进行控制,实现家居环境监测、智能家电自动控制、安防系统与报警、远程控制等功能。本实训项目选择其中指纹门禁、RFID 门禁、燃气联动报警和家居调光系统四个系统开发实训任务。

任务 5　指纹门禁

5.1　学习目标

(1) 熟悉物联网应用系统开发的软硬件环境,并能熟练地使用相关的开发软件。

(2) 了解指纹节点和门锁继电器功能模块的数据采集及控制功能。

(3) 掌握指纹节点 ZigBee 数据通信协议。

(4) 掌握 Android 串口及 I/O 口通信编程。

(5) 掌握指纹门禁系统的开发与调试。

5.2　实验环境

(1) 硬件:指纹节点,门锁继电器,物联网网关,CCDeBugger 仿真器,PC 机,Micro-USB 线/串口线,CC2530 协调器模块,5 V 电源。

(2) 软件:Windows 7/Windows XP,IAR8. 10-8051 集成环境,Eclipse Android 开发环境。

5.3 实验原理

1) 系统设计目标

指纹节点是最常见的无线射频模块，主要用于门禁管理、车辆管理、仓储管理、资产管理等领域。本实验以指纹门禁系统为例，分析指纹节点的采集控制传输原理及物联网网关业务处理流程，实现模拟指纹开门的功能。系统设计功能及目标如图 5-1 所示。

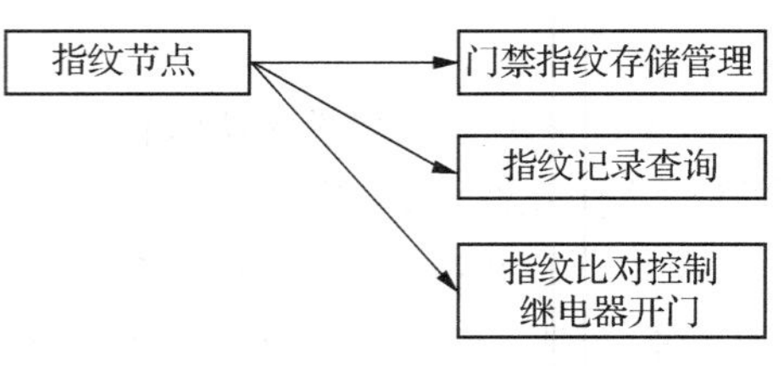

图 5-1 系统设计功能及目标图

2) 业务流程分析

指纹门禁系统的传输过程分为两个部分：指纹节点及门锁继电器功能模块、物联网网关。通信流程如图 5-2 所示。具体通信描述如下：

(1) 指纹节点通过 ZigBee 网络与 CC2530 协调器模块进行组网，物联网网关通过串口与 CC2530 协调器模块进行串口通信。

(2) 指纹节点将读到的指纹发送给 CC2530 协调器模块，物联网网关实时监听串口数据，接收到指纹后，网关进行业务处理，再通过 I/O 口对门锁继电器功能模块进行控制，实现门禁控制功能。

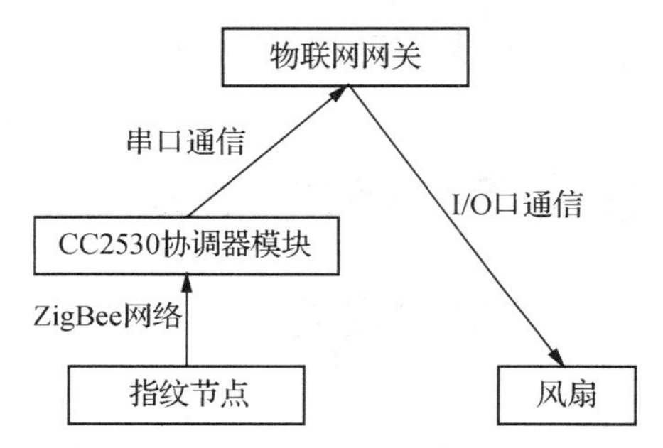

图 5-2 指纹节点通信流程

3) 感知层硬件

通用的指纹识别模块 ZAZ-030，采用了最先进的射频式指纹敏感器、高速信号处理器 DSP、高性能指纹比对算法等软硬件。该模块可嵌入到各种终端产品中，如门禁、考勤、保险箱、汽车门锁等。

(1) 指纹识别模块特点

- 能够灵活适应当时的手指条件，无论是干手指、湿手指、浅纹理指纹、老年手指等等都有很高的识别率。
- 能够自动结束图像采集，而且图像质量越来越好。
- 防伪指纹能力强：指纹敏感器的识别原理只对人的真皮皮肤有反应，从根本上杜绝了人造指纹问题。
- 抗静电能力强：在干燥容易起静电地区很适合。
- 宽温区：适合特别寒冷或酷热地区。

• 超薄体积：能嵌入到各种终端产品中。

(2) 指纹识别模块主要技术指标

指纹识别模块主要技术指标如表 5-1 所示。

表 5-1　指纹识别模块主要技术指标表

指纹敏感器	原理指纹敏感器
探测真皮能力	有探测真皮能力
指纹容量	0 枚
认假率(FAR)实际测试值	0.0008%
拒真率(FRR)实际测试值	0.005%
平均匹配速度	1 秒
抗静电能力	15 kV
抗磨损强度高	100 万次
工作环境温度	−20 ℃～+70 ℃
最大工作湿度	98%
接口标准	高速串口标准 SPI
工作电压	5 V

5.4　实验内容

1) 感知层设计开发

(1) 感知层协议分析。

感知层通信协议如表 5-2 所示。

表 5-2　感知层通信协议表

数据字节个数							
标志	长度	父节点地址	本节点地址	类型	数据	校验和	MAC 地址
1 字节	1 字节	2 字节	2 字节	1 字节	1 字节	N 字节	8 字节

(2) ZigBee 环境配置

对感知层无线局域网的组网配置主要包含对传感网中 CC2530 协调器模块、指纹节点进行配置。具体操作步骤如下：

① 按照表 5-3 中参数配置相应 ZigBee 实验节点。

表 5-3　ZigBee 实验节点相应参数配置表

设备	参数	值
CC2530 协调器模块	网络号(Pan_id)	根据实验分组设定(0—0XFFFF)
	信道号(Channel)	根据实验分组(11—26)
	类型	根据实际类型配置
传感器节点 (指纹节点)	网络号(Pan_id)	根据实验分组设定(0—0XFFFF)
	信道号(Channel)	根据实验分组(11—26)
	传感器类型	根据实际类型配置(指纹节点:0X10)

② CC2530 协调器模块配置烧写。

详细烧写步骤请参考任务 1 农业光线采集的实验内容"1) 感知层设计开发"中的 CC2530 协调器模块配置烧写。

(3) 传感器节点配置烧写

详细烧写步骤请参考任务 1 农业光线采集的实验内容"1) 感知层设计开发"中的传感器节点配置烧写。

2) 物联网网关程序开发

(1) 工程框架介绍。

工程框架如表 5-4 所示。

表 5-4　工程框架表

包名(类名)	说明
ft. fingerprint. sixtypecabinet 应用包	
MainActivity. java	传感器数据处理主程序
ZigBeeInfo. java	ZigBee 发送数据组包类
activity_main. xml	主界面布局文件
home_page_layout. xml	首页界面(include 主界面布局文件中)
configuring_address_layout. xml	配置 MAC 地址界面(include 主界面布局文件中)
fingerprint_entry_layout. xml	指纹录入界面(include 主界面布局文件中)
fingerprint_management_layout. xml	指纹管理(指纹记录)界面(include 主界面布局文件中)
serial. utils 应用包	
SerialPort. java	加载动态库. so 文件
SerialZbThread. java	串口通信实时监听线程

（2）业务流程分析。

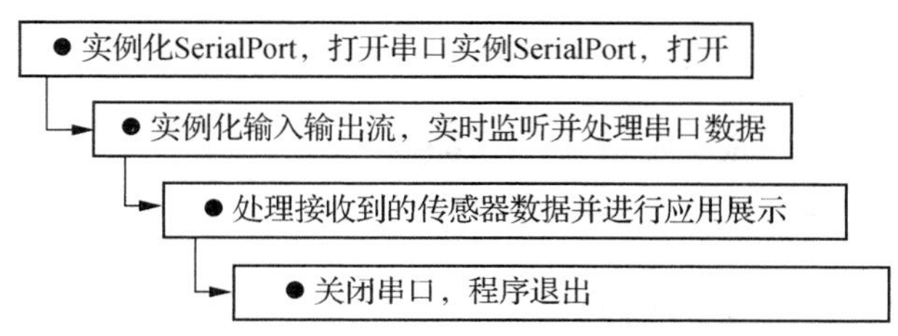

（3）关键程序代码解析。

① 初始化串口及输入输出流。

```
public SerialPort(
        File device,
        int baudrate,
        int nBits,
        char nEvent,
        int nStop,
        int flags) throws SecurityException, IOException
    {
    /*  Check access permission * /
    if (! device.canRead() || ! device.canWrite()) {
        try {
            /*  Missing read/write permission, trying to chmod the file * /
            Process su;
            su =  Runtime.getRuntime().exec("/system/bin/su");
            String cmd =  "chmod 666 " +  device.getAbsolutePath() +  "\n"
                    +  "exit\n";
            su.getOutputStream().write(cmd.getBytes());
            if ((su.waitFor() ! =  0) || ! device.canRead()
                    || ! device.canWrite()) {
                throw new SecurityException();
            }
        } catch (Exception e) {
            e.printStackTrace();
            throw new SecurityException();
        }

    }

    mFd =  open(device.getAbsolutePath(), baudrate, nBits, nEvent, nStop, flags);
    if (mFd = =  null) {
        Log.e(TAG, "native open returns null");
```

```
            throw new IOException();
        }

        mFileInputStream =  new FileInputStream(mFd);
        mFileOutputStream =  new FileOutputStream(mFd);
    }
```

② 静态装入.so文件,声明JNI接口类。

```
private native static FileDescriptor open(
        String path, //串口路径
        int baudrate,//波特率
        int nBits,//数据位
        char nVerify,//偶校验位
        int nStop,//停止位
        int flags);
  public native void close();
  public native int sri_Init();
  public native void sri_DeInit();
  public native int sri_IOCTL(int controlcode);
  public native int write( byte[] data);
  public native int read( byte[] buf, int len);
  public native int select(int sec, int usec);
  static {
    System.loadLibrary("serial_port");
  }
```

③ 实例化SerialPort。

```
private SerialPort mSerialPort =  null;
```

④ 初始化串口号、波特率、数据位、校验位及停止位,打开串口,并实例化输入输出流。

```
private void OpenPort() throws SecurityException, IOException {
    if (mSerialPort = =  null) {
      String path =  "/dev/ttyAMA4"; //串口号
      int baudrate =  Integer.decode("38400"); //波特率
      int nbits =  Integer.decode("8"); //数据位
      int nstop =  Integer.decode("1"); //停止位
      String sVerify =  "N";
      char cVerify =  sVerify.charAt(0);
    /*  Check parameters * /
      if ((path.length() = =  0) || (baudrate = =  - 1) || nbits = =  - 1 || nstop = =  - 1
|| cVerify = =  'C') {
        Log.d("11111111", "yyyyyyyyyyyyyy");
        throw new InvalidParameterException();
      }
```

```
        Log.d("11111111", "11111111111111111111111111111111");
        /* Open the serial port * /
        mSerialPort = new SerialPort(new File(path), baudrate, nbits, cVerify, nstop, 0);
        Log.d("11111111", "22222222222222222222222222222222");
        mOutputStream = mSerialPort.getOutputStream();
        mInputStream = mSerialPort.getInputStream();
        mSerialPort.sri_Init();
        mSerialPort.sri_IOCTL(IOCTRL_PMU_BARCODE_TRIG_LOW);
        mSerialPort.sri_IOCTL(IOCTRL_PMU_BARCODE_ON);
        mSerialPort.sri_IOCTL(IOCTRL_PMU_RFID_ON);
        Log.d("11111111", "33333333333333333333333333333333");
      } else {
        //view1.setText("串口已打开");
        System.out.println("串口已打开");
        return;
      }
    }
```

⑤ 通过线程进行实时监听串口的数据输入，通过抽象类 onRecDataCom(totalPacket, packetLen);传递给主界面。

```
  @ Override
    public void run() {
      super.run();
      while (isRuning) {
        try {
          Thread.sleep(50);
        } catch (InterruptedException e) {
          e.printStackTrace();
        }
        try {
          byte[] bytes = new byte[0];
          int time = 0;
          while (true) {
            //获取输入流
            int num = mInputStream.available();
            byte[] buffer = new byte[num];
            int ret = mInputStream.read(buffer);
  //          Log.e("buffer", bytesToHexString(buffer));
            bytes = byteMerger(bytes, buffer);
  //          Log.e("bytes", bytesToHexString(bytes));
            int len = bytes.length;
            if (len > 2) {
```

```
                if ((bytes[0] = =  (byte) 0xFA || bytes[0] = =  (byte) 0xFD) && ((bytes[1] +
6) = =  len)) {
                    if (iZgibeeRec ! =  null)
                      iZgibeeRec.onRecDataCom(bytes, len);
                    break;
                  }
                }
                time+ + ;
                Thread.sleep(50);
                if (time > =  20) //1秒未组完包则丢弃
                  break;
              }
            } catch (Exception e) {
              Log.d("error", "error com");
              e.printStackTrace();
            }
          }
        }
```

⑥ 关闭输入输出流、关闭串口。

```
    private void closeSerialPort() {
        if (mInputStream ! =  null) {
          try {
            mInputStream.close();
            mInputStream =  null;
          } catch (IOException e) {
            e.printStackTrace();
          }
        }
        if (mOutputStream ! =  null) {
          try {
            mOutputStream.close();
            mOutputStream =  null;
          } catch (IOException e) {
            e.printStackTrace();
          }
        }
        if (mSerialPort ! =  null) {
          mSerialPort.close();
          mSerialPort =  null;
        }
      }
```

⑦ 更改主界面继承接口"SerialZbThread. IZgibeeRec"。

```
public class MainActivity extends AppCompatActivity implements SerialZbThread.IZgibeeRec
```

⑧ 定义串口线程并初始化。

```
SerialZbThread serialZbThread; //串口线程
//初始化串口线程
    serialZbThread = new SerialZbThread("/dev/ttyAMA4");
    serialZbThread.setiZgibeeRec(this);
    serialZbThread.start();
```

⑨ 重写 onRecDataCom (final byte[] buffer, final int size)方法，对接收到的指纹节点数据进行分析处理。

```
@ Override
  public void onRecDataCom(final byte[] buffer, final int len) {
    runOnUiThread(new Runnable() {
      @ Override
      public void run() {
        //将字节数组转换成字符串
        String buf = serialZbThread.bytesToHexString(buffer);
        //获取 MAC 地址
        String addr = buf.substring(buf.length() - 16, buf.length());
        Log.e("onRecDataCom", "buf:" + buf);
        switch (NowPage) {
          case 1: //主页
            if (! isOpen) {
              Home(buffer, addr);
            }
            break;
          case 2: //配置 MAC
            switch (buffer[6]) {
              case 0x23: //指纹节点
                if (StrZhiwen = = null) {
                  StrZhiwen = addr;
                  setToast("指纹节点配置成功");
                } else if (! StrZhiwen.equals(addr)) {
                  StrZhiwen = addr;
                  setToast("指纹节点重新配置成功");
                }
                tv_zhiwen.setText(StrZhiwen);
                break;
              case 'K': //继电器
                if (StrMenJin = = null) {
```

```
                StrMenJin = addr;
                setToast("门禁节点配置成功");
            } else if (! StrMenJin.equals(addr)) {
                StrMenJin = addr;
                setToast("门禁节点重新配置成功");
            }
            tv_menjing.setText(StrMenJin);
            break;
        }
        break;
    case 3: //指纹录入
        //采集到的 MAC 地址和全局变量指纹的 MAC 地址相同
        if (addr.equals(StrZhiwen))
            if (buffer[7] = = (byte) 0xaa) { //录入
                //获取搜索到的编号
                byte[] id = new byte[2];
                id[0] = buffer[8];
                id[1] = buffer[9];
                //转换成 int 类型
                int i_id = ZigBeeInfo.Byte2Int(id);
                et_value.setText(String.valueOf(i_id));
                setToast("指纹已经采集到了,可以点击录入按钮了");
            }
        break;
    case 4: //指纹管理
        //采集到的 MAC 地址和全局变量指纹的 MAC 地址相同
        if (addr.equals(StrZhiwen))
            if (buffer[7] = = (byte) 0xcc) { //擦除
                //获取搜索到的编号
                byte[] id = new byte[2];
                id[0] = buffer[8];
                id[1] = buffer[9];
                if (id[0] = = (byte) 0xff && id[1] = = (byte) 0xff) {
                    manaeList.clear();
                    notifyDataSetChanged(manaeList);
                    setToast("删除全部成功");
                } else {
                    //转换成 int 类型
                    int i_id = ZigBeeInfo.Byte2Int(id);
                    boolean isHave = false; //是否检查到记录
                    for (int i = 0; i < manaeList.size(); i+ + ) {
```

```
                String str =  manaeList.get(i);
                String StrId =  str.split(split)[0];
                if (StrId.equals(String.valueOf(i_id))) {
                  isHave =  true;
                  manaeList.remove(i);
                  notifyDataSetChanged(manaeList);
                  setToast("删除成功");
                  break;
                }
              }
              if (! isHave) {
                setToast("未在传感器中检测到记录");
              }
            }
          }
        break;
      }
    }
  });
}
//主页
private void Home(byte[] buffer, String addr) {
  //采集到的 MAC 地址和全局变量指纹的 MAC 地址相同
  if (addr.equals(StrZhiwen))
    if (buffer[7] = =  (byte) 0xbb) { //搜索
      isOpen =  true;
      //获取搜索到的编号
      byte[] id =  new byte[2];
      id[0] =  buffer[8];
      id[1] =  buffer[9];
      //转换成 int 类型
      int i_id =  ZigBeeInfo.Byte2Int(id);
      boolean isHave =  false; //是否检查到记录
      for (String str : manaeList) {
        String StrId =  str.split(split)[0];
        if (StrId.equals(String.valueOf(i_id))) {
          isHave =  true;
          RecordList.add(format.format(new Date()) +  split +  str.split(split)[1]);
          //添加使用记录
          //改变图片颜色
          image.setImageResource(R.mipmap.fingerprint_open);
```

```
                setToast("打开门禁的是:" +  str.split(split)[1]);
                if (StrMenJin ! =  null) {
                  //打开门禁
                  sendZigBee(ZigBeeInfo.sendJiDianQi(true,
                      SerialZbThread.hexStringToByte(StrMenJin)));
                  //创建线程,5秒后关闭门禁
                  new Thread(new Runnable() {
                    @ Override
                    public void run() {
                      try {
                        Thread.sleep(5000);
                        //关闭门禁
                             sendZigBee (ZigBeeInfo. sendJiDianQi (false, SerialZbThread.
hexStringToByte(StrMenJin)));
                        //ui 线程更新界面
                        runOnUiThread(new Runnable() {
                          @ Override
                          public void run() {

                        image.setImageResource(R.mipmap.fingerprint_close);
                          }
                        });
                        isOpen =  false;
                      } catch (InterruptedException e) {
                        e.printStackTrace();
                      }
                    }
                  }).start();
                } else {
                  isOpen =  false;
                  setToast("未检索到门禁的 mac 地址,请先配置门禁的 mac 地址!");
                }
                break;
              }
            }
            if (! isHave) {
              isOpen =  false;
              setToast("该指纹尚未录入软件中,请重新录入!");
            }
          }
        }
```

⑩ 关闭线程,释放资源。

```
//关闭线程,释放资源
private void close() {
    if (serialZbThread != null) {
      serialZbThread.interrupt();
      serialZbThread = null;
    }
  }
```

5.5 实验步骤

1) 硬件环境搭建步骤

(1) 准备一台物联网应用开发实训柜。

(2) 打开工程项目文件 X:\ZStack 传感器透明传输源程序 V2.45-07\Projects\GenericApp\CC2530DB\GenericApp.eww;在协议栈中按照实验内容中的配置参数,编译出 CC2530 协调器模块与指纹节点的 HEX 烧写文件。

(3) 使用 SmartRF Flash Programmer 工具,把编译出的 HEX 文件分别下载到 CC2530 协调器模块及指纹节点中。

(4) 把实训柜上电组网,并将 CC2530 协调器模块与电脑串口相连。打开串口工具,设置相应参数,读取指纹节点信息,验证烧写配置是否正确。

2) 物联网网关 Android 应用程序开发步骤

(1) 打开 Android 程序项目工程代码(FT_EntranceGuard_ExperimentBox)。

(2) 编译工程代码,并把生成的 APK 文件安装到物联网网关中。

(3) 打开“指纹门禁系统”应用程序,进入应用界面。

5.6 实验结果

通过 Build→Build APK 生成 APK 软件,如图 5-3 所示。

等待编译完成之后右下角会弹出如图 5-4 所示提示框。

点击“Show in Explorer”这个蓝色的字体会打开 APK 所在的目录,如图 5-5 所示。

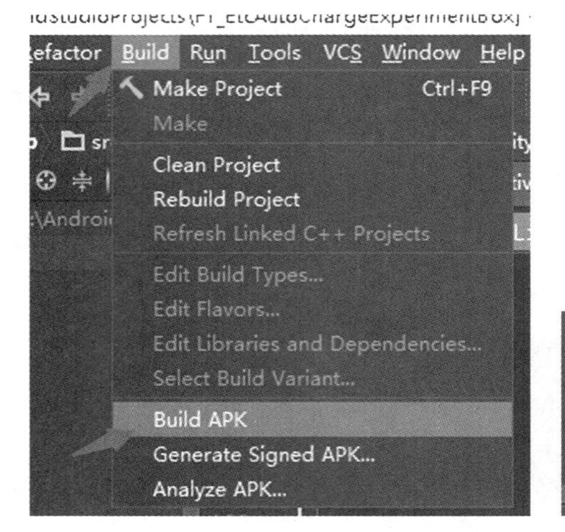

图 5－3　生成 APK 软件

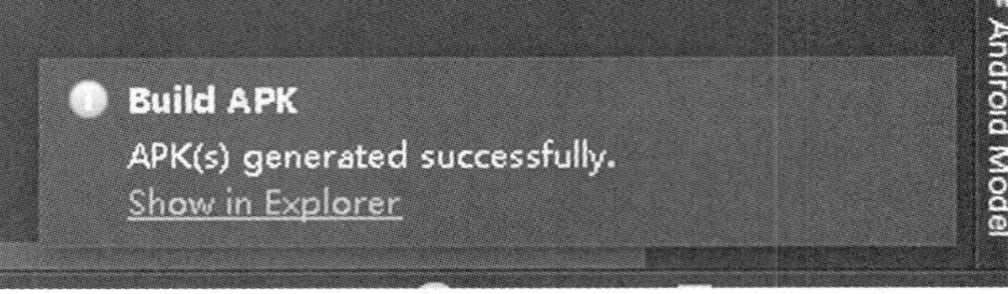

图 5－4　编译完成弹出的提示框

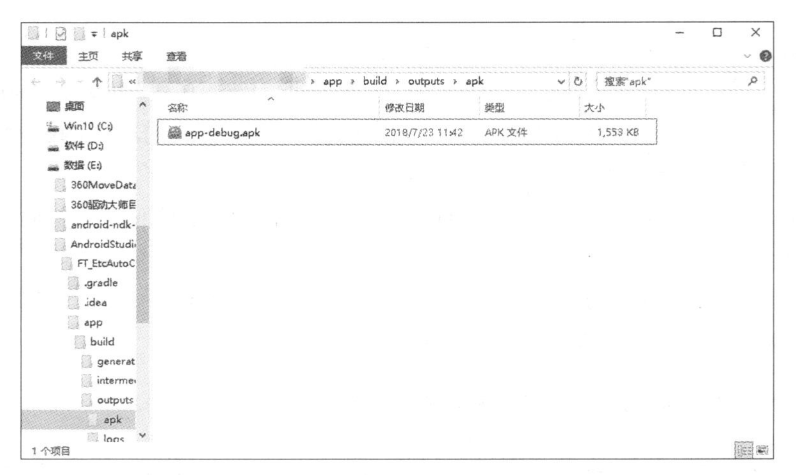

图 5－5　APK 所在目录

将此 APK 文件安装在网关上即可。

安装好的 APK 图标如图 5－6 所示。

图 5－6　安装好的 APK 图标

打开软件，如图 5－7 所示。

点击“配置 MAC 地址”按钮然后指纹节点和继电器节点上电，等待 ZigBee 组网成功后按下 SW1 按钮上传数据，此时软件界面如图 5－8 所示。

点击“指纹录入”按钮，如图 5－9 所示。

姓名输入框输入张三，点击“开启指纹录入”按钮，如图 5－10 所示。

将手指放入采集设备上等待数据上传，如图 5－11 所示。

指纹数据已经采集到，最后点击“录入”按钮，如图 5－12 所示。

点击“首页”按钮，点击“开启指纹搜索”按钮，将刚刚添加的手指放入采集设备上，如图 5－13 所示。

图 5－7　打开软件后

图 5－8　配置 MAC 地址

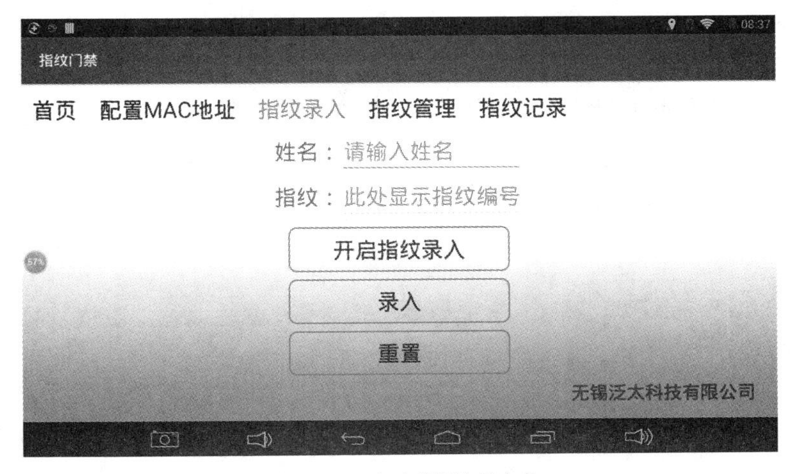

图 5－9　点击“指纹录入”

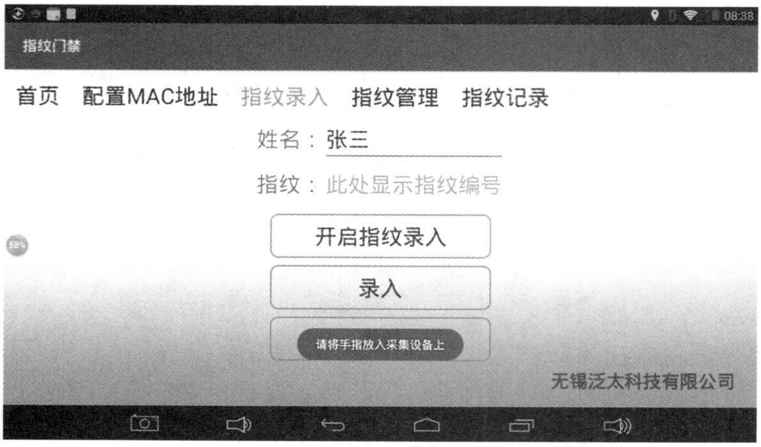
08:38
指纹门禁
首页 配置MAC地址 指纹录入 指纹管理 指纹记录
姓名：张三
指纹：此处显示指纹编号
开启指纹录入
录入
请将手指放入采集设备上
无锡泛太科技有限公司

图 5－10　点击“开启指纹录入”

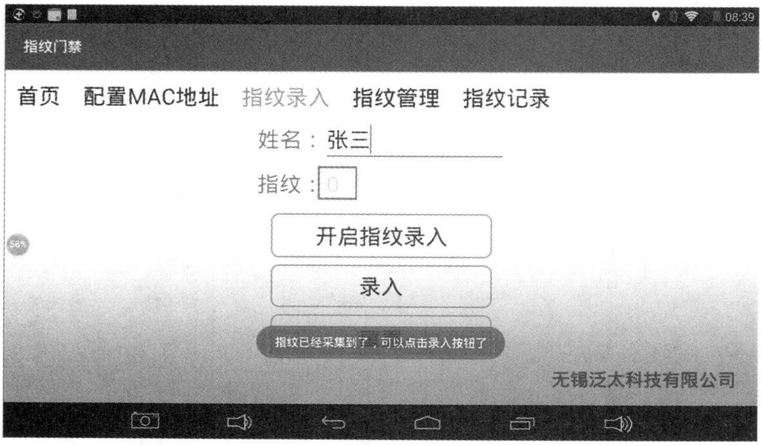
08:39
指纹门禁
首页 配置MAC地址 指纹录入 指纹管理 指纹记录
姓名：张三
指纹：0
开启指纹录入
录入
指纹已经采集到了，可以点击录入按钮了
无锡泛太科技有限公司

图 5－11　放入手指等待录入指纹

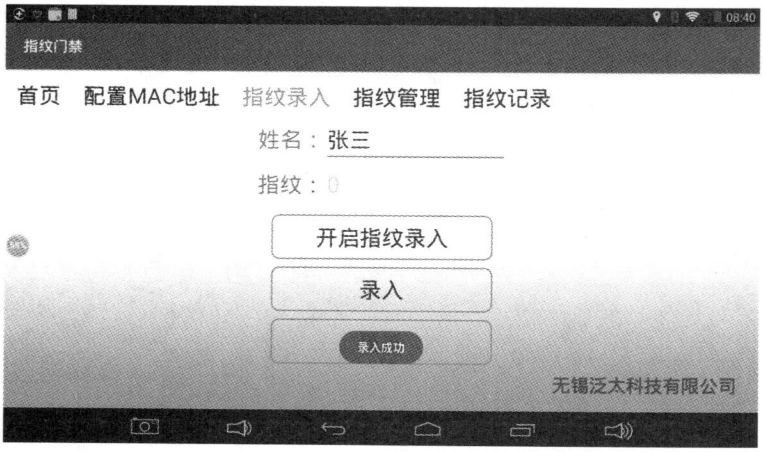
08:40
指纹门禁
首页 配置MAC地址 指纹录入 指纹管理 指纹记录
姓名：张三
指纹：0
开启指纹录入
录入
录入成功
无锡泛太科技有限公司

图 5－12　采集指纹后点击“录入”

图 5-13　开启指纹搜索

此时指纹图片变成红色，继电器将被打开，过 5 秒后继电器关闭，指纹图片恢复成蓝色。点击“指纹管理”可对录入的指纹进行删除，也可以全部删除，如图 5-14 所示。

图 5-14　点击“指纹管理”

点击“0　张三”，弹出提示框，如图 5-15 所示。

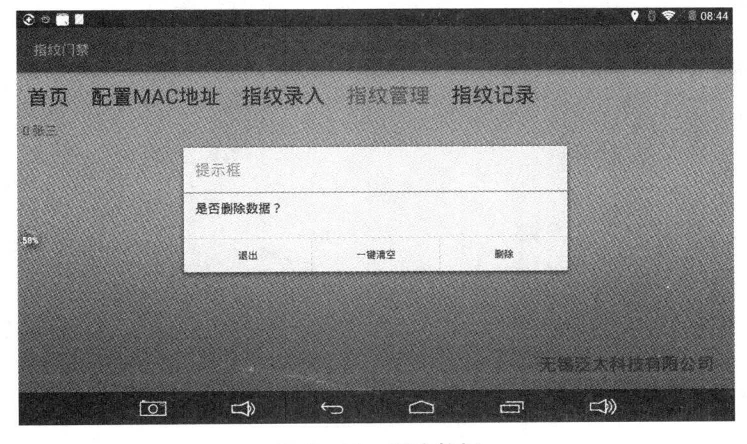

图 5-15　删除数据

点击“删除”按钮删除此条记录，点击“一键清空”按钮清空所有记录。

点击“指纹记录”按钮显示指纹的采集记录，如图 5-16 所示。

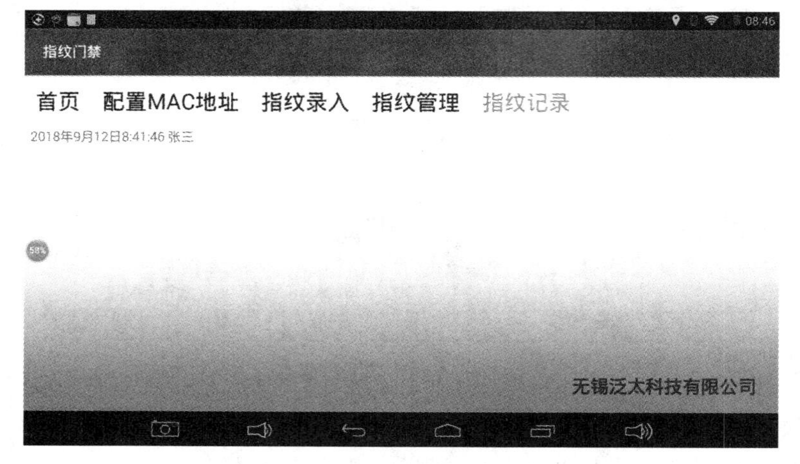

图 5-16　指纹记录显示采集记录

5.7　总结

本实验展示了指纹节点采集指纹，通过 ZigBee 传输系统录入指纹，并存储管理。通过指纹的比对，实现指纹门禁功能。

任务 6　RFID 门禁

6.1　学习目标

(1) 熟悉物联网应用系统开发的软硬件环境,并能熟练地使用相关的开发软件。
(2) 了解 125KRFID 及门锁继电器功能模块的采集及控制功能。
(3) 掌握 125KRFID ZigBee 数据通信协议。
(4) 掌握 Android 串口及 I/O 口通信编程。
(5) 掌握智能门禁系统的开发与调试。

6.2　实验环境

(1) 硬件:125KRFID、门锁继电器、物联网网关,CCDeBugger 仿真器,PC 机,Micro-USB 线/串口线,CC2530 协调器模块,5 V 电源。

(2) 软件:Windows 7/Windows XP,IAR8. 10-8051 集成环境,Eclipse Android 开发环境。

6.3　实验原理

1) 系统设计目标

125KRFID 是最常见的无线射频模块,主要用于门禁管理、车辆管理、仓储管理、资产管理等领域。本实验以 RFID 门禁系统为例,分析 125KRFID 的采集控制传输原理及物联网网关业务处理流程,实现模拟读卡开门的功能。系统设计功能及目标如图 6-1 所示。

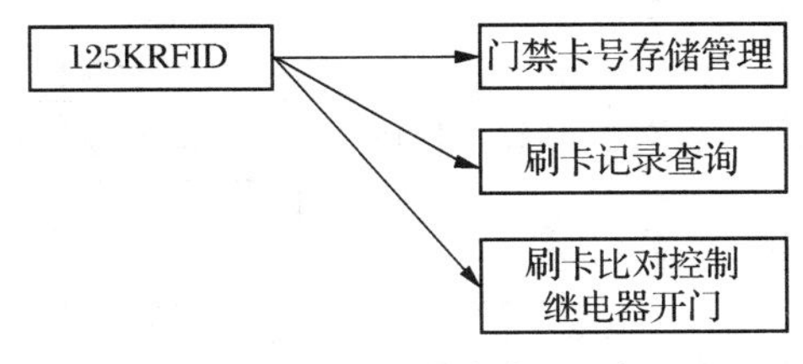

图 6-1　系统设计功能及目标

2) 业务流程分析

RFID 门禁系统的传输过程分为两个部分:125KRFID 及门锁继电器功能模块、物联网网关。通信流程如图 6-2 所示。具体通信描述如下:

(1) 125KRFID通过ZigBee网络与CC2530协调器模块进行组网,物联网网关通过串口与CC2530协调器模块进行串口通信。

(2) 125KRFID将读到的卡号发送给CC2530协调器模块,物联网网关实时监听串口数据,接收到卡号后,网关进行业务处理,再通过I/O口对门锁继电器功能模块进行控制,实现门禁控制功能。

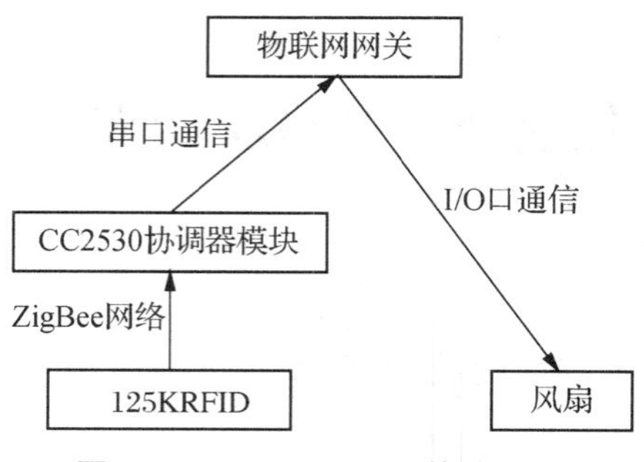

图6-2 125KRFID通信流程

6.4 实验内容

1) 感知层设计开发

(1) 感知层协议分析

感知层通信协议如表6-1所示。

表6-1 感知层通信协议表

数据字节个数							
标志	长度	父节点地址	本节点地址	类型	数据	校验和	MAC地址
1字节	1字节	2字节	2字节	1字节	1字节	N字节	8字节

(2) ZigBee环境配置

对感知层无线局域网的组网配置主要包含对传感网中CC2530协调器模块、125KRFID进行配置。具体操作步骤如下:

① 按照表6-2中参数配置相应ZigBee实验节点。

表6-2 ZigBee实验节点相应参数配置表

设备	参数	值
CC2530协调器模块	网络号(Pan_id)	根据实验分组设定(0—0XFFFF)
	信道号(Channel)	根据实验分组(11—26)
	类型	根据实际类型配置
传感器节点(125KRFID)	网络号(Pan_id)	根据实验分组设定(0—0XFFFF)
	信道号(Channel)	根据实验分组(11—26)
	传感器类型	根据实际类型配置(125KRFID:)

② CC2530协调器模块配置烧写。

详细烧写步骤请参考任务1农业光线采集的实验内容"1)感知层设计开发"中的CC2530协调器模块配置烧写。

③ 传感器节点配置烧写。

详细烧写步骤请参考任务 1 农业光线采集的实验内容“1）感知层设计开发”中的传感器节点配置烧写。

2）物联网网关程序开发

（1）工程框架介绍。

工程框架如表 6－3 所示。

表 6－3　工程框架表

包名(类名)	说明
com. rfidentranceguard. sixtypecabinet 应用包	
MainActivity. java	传感器数据处理主程序
activity_main. xml	主界面布局文件
serial. utils 应用包	
SerialPort. java	加载动态库. so 文件
SerialZbThread. java	串口通信实时监听线程

（2）业务流程分析。

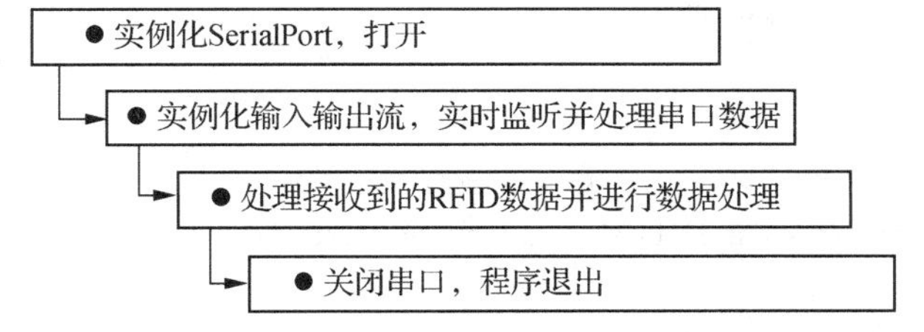

（3）关键程序代码解析。

① 初始化串口及输入输出流。

```
public SerialPort(
        File device,
        int baudrate,
        int nBits,
        char nEvent,
        int nStop,
        int flags) throws SecurityException, IOException
    {
    /*  Check access permission * /
    if (! device.canRead() || ! device.canWrite()) {
        try {
            /*  Missing read/write permission, trying to chmod the file * /
            Process su;
            su =  Runtime.getRuntime().exec("/system/bin/su");
```

```
                String cmd = "chmod 666 " + device.getAbsolutePath() + "\n"
                        + "exit\n";
                su.getOutputStream().write(cmd.getBytes());
                if ((su.waitFor() != 0) || ! device.canRead()
                        || ! device.canWrite()) {
                    throw new SecurityException();
                }
            } catch (Exception e) {
                e.printStackTrace();
                throw new SecurityException();
            }

        }

        mFd = open(device.getAbsolutePath(), baudrate, nBits, nEvent, nStop, flags);
        if (mFd == null) {
            Log.e(TAG, "native open returns null");

            throw new IOException();
        }

        mFileInputStream = new FileInputStream(mFd);
        mFileOutputStream = new FileOutputStream(mFd);
    }
```

② 静态装入. so 文件，声明 JNI 接口类。

```
private native static FileDescriptor open(
            String path, //串口路径
            int baudrate,//波特率
            int nBits,//数据位
            char nVerify,//偶校验位
            int nStop,//停止位
            int flags);
  public native void close();
  public native int sri_Init();
  public native void sri_DeInit();
  public native int sri_IOCTL(int controlcode);
  public native int write( byte[] data);
  public native int read( byte[] buf, int len);
  public native int select(int sec, int usec);
  static {
      System.loadLibrary("serial_port");
```

```
    }
```

③ 实例化 SerialPort。

```
private SerialPort mSerialPort = null;
```

④ 初始化串口号、波特率、数据位、校验位及停止位，打开串口，并实例化输入输出流。

```
private void OpenPort() throws SecurityException, IOException {
    if (mSerialPort == null) {
      String path = "/dev/ttyAMA4"; //串口号
      int baudrate = Integer.decode("38400"); //波特率
      int nbits = Integer.decode("8"); //数据位
      int nstop = Integer.decode("1"); //停止位
String sVerify = "N";
char cVerify = sVerify.charAt(0);
    /* Check parameters */
      if ((path.length() == 0) || (baudrate == -1) || nbits == -1 || nstop == -1
|| cVerify == 'C') {
        Log.d("11111111", "yyyyyyyyyyyyyy");
        throw new InvalidParameterException();
      }
      Log.d("11111111", "11111111111111111111111111111111");
      /* Open the serial port */
      mSerialPort = new SerialPort(new File(path), baudrate, nbits, cVerify, nstop, 0);
      Log.d("11111111", "22222222222222222222222222222222");
      mOutputStream = mSerialPort.getOutputStream();
      mInputStream = mSerialPort.getInputStream();
      mSerialPort.sri_Init();
      mSerialPort.sri_IOCTL(IOCTRL_PMU_BARCODE_TRIG_LOW);
      mSerialPort.sri_IOCTL(IOCTRL_PMU_BARCODE_ON);
      mSerialPort.sri_IOCTL(IOCTRL_PMU_RFID_ON);
      Log.d("11111111", "33333333333333333333333333333333");
    } else {
      //view1.setText("串口已打开");
      System.out.println("串口已打开");
      return;
    }
  }
```

⑤ 通过线程进行实时监听串口的数据输入，通过抽象类 onRecDataCom(totalPacket, packetLen)；传递给主界面。

```
@Override
  public void run() {
    super.run();
```

```
        while (isRuning) {
          try {
            Thread.sleep(50);
          } catch (InterruptedException e) {
            e.printStackTrace();
          }
          try {
            byte[] bytes = new byte[0];
            int time = 0;
            while (true) {
              //获取输入流
              int num = mInputStream.available();
              byte[] buffer = new byte[num];
              int ret = mInputStream.read(buffer);
    //         Log.e("buffer", bytesToHexString(buffer));
              bytes = byteMerger(bytes, buffer);
    //         Log.e("bytes", bytesToHexString(bytes));
              int len = bytes.length;
              if (len > 2) {
                if ((bytes[0] == (byte) 0xFA || bytes[0] == (byte) 0xFD) && ((bytes[1] +
6) == len)) {
                  if (iZgibeeRec != null)
                    iZgibeeRec.onRecDataCom(bytes, len);
                  break;
                }
              }
              time++;
              Thread.sleep(50);
              if (time >= 20) //1秒未组完包则丢弃
                break;
            }
          } catch (Exception e) {
            Log.d("error", "error com");
            e.printStackTrace();
          }
        }
      }
```

⑥ 关闭输入输出流、关闭串口。

```
    private void closeSerialPort() {
        if (mInputStream != null) {
          try {
```

```
            mInputStream.close();
            mInputStream = null;
          } catch (IOException e) {
            e.printStackTrace();
          }
        }
        if (mOutputStream != null) {
          try {
            mOutputStream.close();
            mOutputStream = null;
          } catch (IOException e) {
            e.printStackTrace();
          }
        }
        if (mSerialPort != null) {
          mSerialPort.close();
          mSerialPort = null;
        }
      }
```

⑦ 更改主界面继承接口“SerialZbThread. IZgibeeRec”。

```
public class MainActivity extends AppCompatActivity implements SerialZbThread.IZgibeeRec
```

⑧ 定义串口线程并初始化。

```
SerialZbThread serialZbThread; //串口线程
//初始化串口线程
    serialZbThread = new SerialZbThread("/dev/ttyAMA4");
    serialZbThread.setiZgibeeRec(this);
    serialZbThread.start();
```

⑨ 重写 onRecDataCom (final byte[] buffer, final int size)方法，对接收到的 RFID 节点数据进行分析处理。

```
@Override
  public void onRecDataCom(final byte[] buffer, final int len) {
    runOnUiThread(new Runnable() {
      @Override
      public void run() {
        //获取到的字节数组转成字符串
        String buff = bytesToHexString(buffer);
        //获取 MAC 地址
        String addr = buff.substring(buff.length() - 16, buff.length());
        Log.e("onRecDataCom", "buff:" + buff);
        if (buffer[6] == (byte) 'G') { //RFID
```

```
            if (! StrRFID.isEmpty()) {
              if (addr.equals(StrRFID)) { //刷卡的 MAC 和配置的 MAC 相同
                //获取卡号
                String rfid = buff.substring(14, 14 + 12);
                if (rfidAdministration.contains(rfid)) { //此卡号在卡号管理列表存在
                  tv.setVisibility(View.VISIBLE);
                  //给继电器发送打开的命令
                  if (! StrJiDianQi.isEmpty())
                        serialZbThread.sendZigBee(sendJiDianQi(true, SerialZbThread.
hexStringToByte(StrJiDianQi)));
                  image.setBackgroundResource(R.mipmap.warning_open);
                  time = setTime;
                  //开始倒计时关闭门禁
                  startCountDown();
                  //添加刷卡记录
                   rfidRecord.add(rfid + " " + new SimpleDateFormat("yyyy-MM-dd hh:mm:
ss").format(new Date()));
                  //更新刷卡记录列表
                  if (adapter != null)
                    adapter.notifyDataSetChanged();
                } else {
                  //添加卡号管理列表
                  if (listView != null && ! rfidEntry.contains(rfid)) {
                    rfidEntry.add(rfid);
                    adapter.notifyDataSetChanged();
                  }
                }
              }
            } else {
              if (textView != null) {
                StrRFID = addr;
                   textView.setText("RFID 地址:" + StrRFID + "\n 继电器地址:" +
StrJiDianQi);
                setToast("RFID地址配置成功");
              }
            }
          } else if (buffer[6] == (byte) 'K') { //继电器
            if (StrJiDianQi.isEmpty())
            if (textView != null) {
                StrJiDianQi = addr;
                   textView.setText("RFID 地址:" + StrRFID + "\n 继电器地址:" +
```

```
StrJiDianQi);
                    setToast("继电器地址配置成功");
                  }
              }
            }
          });
        }
```

⑩ 开始倒计时关闭门禁的方法。

```
    private void startCountDown() {
        if (timeThread != null) {
          timeThread.interrupt();
          timeThread = null;
        }
        timeThread = new Thread(new Runnable() {
          @Override
          public void run() {
            while (! timeThread.isInterrupted()) {
              if (time >= 0) {
                runOnUiThread(new Runnable() {
                  @Override
                  public void run() {
                    tv.setText("刷卡进入:" + time + "秒后关闭门禁");
                    time--;
                  }
                });
              } else {
                if (! StrJiDianQi.isEmpty())
                        serialZbThread.sendZigBee(sendJiDianQi(false, SerialZbThread.
hexStringToByte(StrJiDianQi)));
                runOnUiThread(new Runnable() {
                  @Override
                  public void run() {
                    tv.setVisibility(View.INVISIBLE);
                    image.setBackgroundResource(R.mipmap.warning_close);
                  }
                });
                break;
              }
              try {
                Thread.sleep(1000);
              } catch (InterruptedException e) {
```

```
//            e.printStackTrace();
            break;
          }
        }
      }
    });
    timeThread.start();
  }
```

⑪ 关闭线程,释放资源。

```
//关闭线程,释放资源
private void close() {
    if (serialZbThread ! = null) {
      serialZbThread.interrupt();
      serialZbThread = null;
    }
  }
```

6.5 实验步骤

1) 硬件环境搭建步骤

(1) 准备一台物联网应用开发实训柜。

(2) 打开工程项目文件 X:\ZStack 传感器透明传输源程序 V2. 45-07\Projects\GenericApp\CC2530DB\GenericApp. eww;在协议栈中按照实验内容中的配置参数,编译出 CC2530 协调器模块与 125KRFID 的 HEX 烧写文件。

(3) 使用 SmartRF Flash Programmer 工具,把编译出的 HEX 文件分别下载到 CC2530 协调器模块及 125KRFID 中。

(4) 把实训柜上电组网,并将 CC2530 协调器模块与电脑串口相连。打开串口工具,设置相应参数,读取 125KRFID 信息,验证烧写配置是否正确。

2) 物联网网关 Android 应用程序开发步骤

(1) 打开 Android 程序项目工程代码(FT_EntranceGuard_ExperimentBox)。

(2) 编译工程代码,并把生成的 APK 文件安装到物联网网关中。

(3) 打开"RFID 门禁系统"应用程序,进入应用界面。

6.6　实验结果

通过 Build→Build APK 生成 APK 软件，如图 6－3 所示。

等待编译完成之后右下角会弹出如图 6－4 所示提示框。

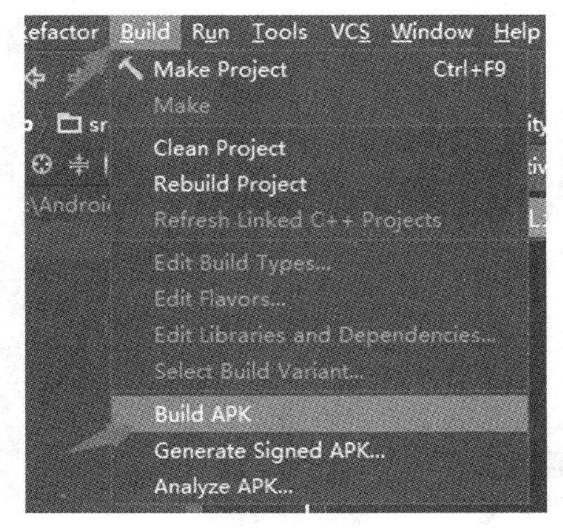

图 6－3　生成 APK 软件

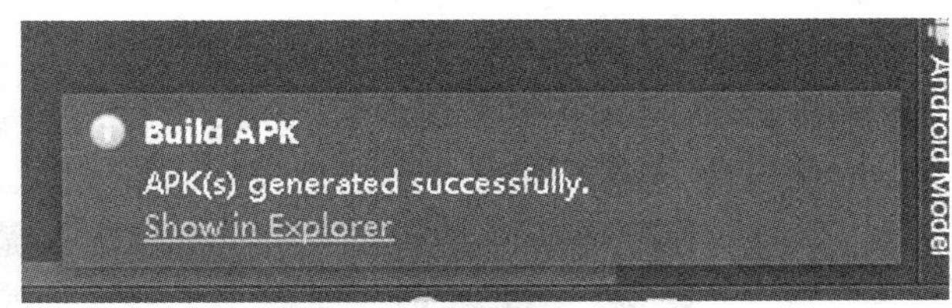

图 6－4　编译完成弹出的提示框

点击“Show in Explorer”这个蓝色的字体会打开 APK 所在的目录，如图 6－5 所示。

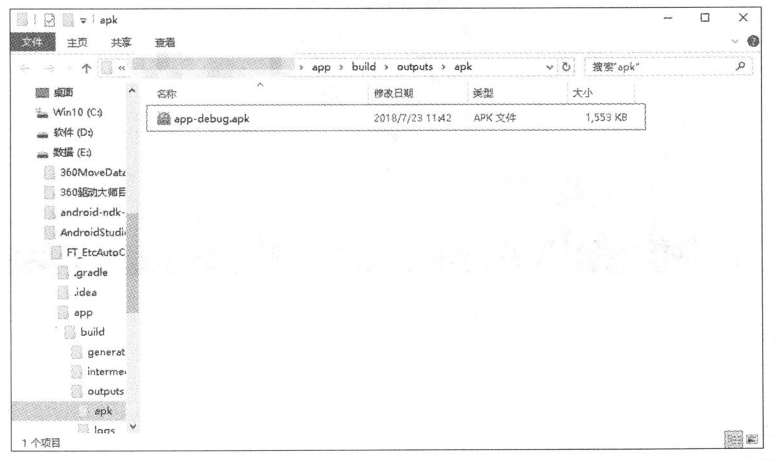

图 6－5　APK 所在目录

将此 APK 文件安装在网关上即可。

安装好的 APK 图标如图 6－6 所示。

打开软件，如图 6－7 所示。

配置 MAC 地址：绑定设备的 MAC 地址。

卡号录入：录入允许打开门禁的卡号。

图 6－6　安装好的 APK 图标

图 6-7 打开软件后

卡号管理：管理录入的卡号，可进行删除。

刷卡记录：对录入的卡号刷卡记录的查看。

时间设置：打开门禁多少秒之后关闭门禁(默认 5 秒)，如图 6-8 所示。

图 6-8 实验流程图

6.7 总结

本实验通过 ZigBee 传输系统可以实时采集 125K 卡号，运用数据库存储卡号，并进行刷卡比对，实现 RFID 门禁功能。开发者可以根据自己的要求修改相应的图标及用户界面，熟悉 Android 物联网网关及数据库编程。

任务7　燃气联动报警

7.1　学习目标

（1）熟悉物联网应用系统开发的软硬件环境，并能熟练地使用相关的开发软件。

（2）了解315接收器的定时上报与采集功能及LED蜂鸣器的报警功能。

（3）掌握315接收器ZigBee数据通信协议。

（4）掌握Android串口通信编程。

（5）掌握燃气联动报警的开发与调试。

7.2　实验环境

（1）硬件：迷你通风扇，燃气，315接收器，语音传感器，LED蜂鸣器，物联网网关，CCDeBugger仿真器，PC机，Micro-USB线/串口线，CC2530协调器模块，5 V电源。

（2）软件：Windows 7/Windows XP，IAR8. 10-8051集成环境，Eclipse Android开发环境。

7.3　实验原理

1）系统设计目标

315接收器是最常见的无线射频模块，主要运用在车辆监控、遥控、遥测、小型无线网络、小型无线数据终端、安全防火系统等领域。本实验以燃气联动报警为例，分析315接收器的采集控制传输原理及物联网网关业务处理流程，实现模拟防火报警的功能。系统设计功能及目标如图7－1所示。

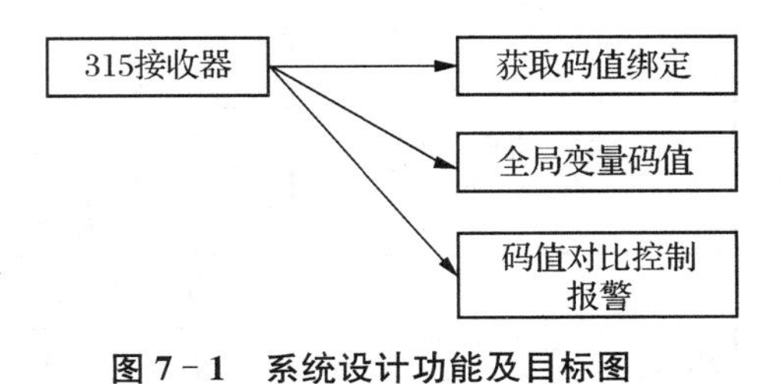

图7－1　系统设计功能及目标图

2）业务流程分析

燃气联动报警的传输过程分为两个部分：315接收器和LED蜂鸣器、物联网网关。通信流程如图7－2所示。具体通信描述如下：

（1）315 接收器通过 ZigBee 网络与 CC2530 协调器模块进行组网，物联网网关通过串口与 CC2530 协调器模块进行串口通信。

（2）315 接收器将读到的码值发送给 CC2530 协调器模块，物联网网关实时监听串口数据，接收到码值后，网关进行业务处理，再通过 I/O 口对 LED 蜂鸣器进行控制，实现燃气报警功能。

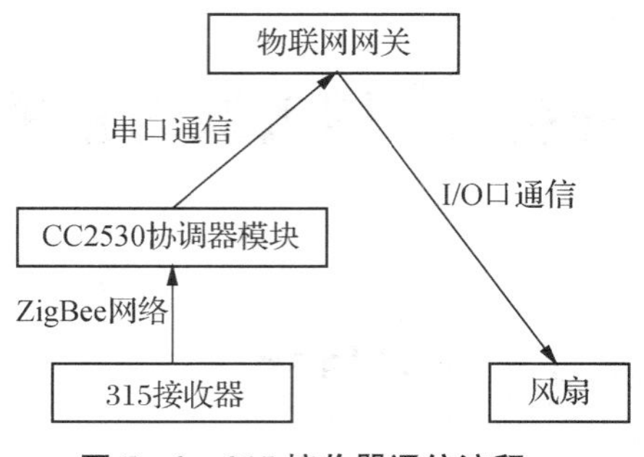

图 7－2　315 接收器通信流程

7.4　实验内容

1) 感知层设计开发

（1）感知层协议分析

感知层通信协议如表 7－1 所示。

表 7－1　感知层通信协议表

数据字节个数							
标志	长度	父节点地址	本节点地址	类型	数据	校验和	MAC 地址
1 字节	1 字节	2 字节	2 字节	1 字节	2 字节	N 字节	8 字节

（2）ZigBee 环境配置

对感知层无线局域网的组网配置主要包含对传感网中 CC2530 协调器模块、315 接收器进行配置。具体操作步骤如下：

① 按照表 7－2 中参数配置相应 ZigBee 实验节点。

表 7－2　ZigBee 实验节点相应参数配置表

设备	参数	值
CC2530 协调器模块	网络号(Pan_id)	根据实验分组设定(0—0XFFFF)
	信道号(Channel)	根据实验分组(11—26)
	类型	根据实际类型配置
传感器节点 (315 接收器)	网络号(Pan_id)	根据实验分组设定(0—0XFFFF)
	信道号(Channel)	根据实验分组(11—26)
	传感器类型	根据实际类型配置(315 接收器:)

② CC2530 协调器模块配置烧写。

详细烧写步骤请参考任务 1 农业光线采集的实验内容“1）感知层设计开发”中的 CC2530 协调器模块配置烧写。

③ 传感器节点配置烧写。

详细烧写步骤请参考任务 1 农业光线采集的实验内容“1）感知层设计开发”中的传感器节点配置烧写。

2）物联网网关程序开发

（1）工程框架介绍。

工程框架如表 7－3 所示。

表 7－3　工程框架表

包名（类名）	说明
ft. gas. sixtypecabinet 应用包	
MainActivity. java	传感器数据处理主程序
activity_main. xml	主界面布局文件
serial. utils 应用包	
SerialPort. java	加载动态库. so 文件
SerialZbThread. java	串口通信实时监听线程

（2）业务流程分析。

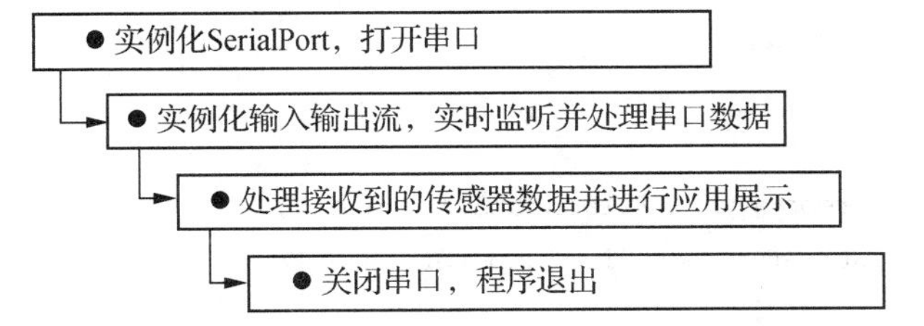

（3）关键程序代码解析。

① 初始化串口及输入输出流。

```
public SerialPort(
        File device,
        int baudrate,
        int nBits,
        char nEvent,
        int nStop,
        int flags) throws SecurityException, IOException
    {
    /*  Check access permission * /
    if (! device.canRead() || ! device.canWrite()) {
        try {
            /*  Missing read/write permission, trying to chmod the file * /
            Process su;
```

```
            su = Runtime.getRuntime().exec("/system/bin/su");
            String cmd = "chmod 666 " + device.getAbsolutePath() + "\n"
                    + "exit\n";
            su.getOutputStream().write(cmd.getBytes());
            if ((su.waitFor() != 0) || ! device.canRead()
                    || ! device.canWrite()) {
                throw new SecurityException();
            }
        } catch (Exception e) {
            e.printStackTrace();
            throw new SecurityException();
        }

    }

    mFd = open(device.getAbsolutePath(), baudrate, nBits, nEvent, nStop, flags);
    if (mFd == null) {
      Log.e(TAG, "native open returns null");

      throw new IOException();
    }

    mFileInputStream = new FileInputStream(mFd);
    mFileOutputStream = new FileOutputStream(mFd);
}
```

② 静态装入.so文件，声明JNI接口类。

```
private native static FileDescriptor open(
          String path, //串口路径
          int baudrate,//波特率
          int nBits,//数据位
          char nVerify,//偶校验位
          int nStop,//停止位
          int flags);
  public native void close();
  public native int sri_Init();
  public native void sri_DeInit();
  public native int sri_IOCTL(int controlcode);
  public native int write( byte[] data);
  public native int read( byte[] buf, int len);
  public native int select(int sec, int usec);
  static {
```

```
        System.loadLibrary("serial_port");
    }
```

③ 实例化 SerialPort。

```
private SerialPort mSerialPort = null;
```

④ 初始化串口号、波特率、数据位、校验位及停止位,打开串口,并实例化输入输出流。

```
private void OpenPort() throws SecurityException, IOException {
    if (mSerialPort == null) {
      String path = "/dev/ttyAMA4"; //串口号
      int baudrate = Integer.decode("38400"); //波特率
      int nbits = Integer.decode("8"); //数据位
      int nstop = Integer.decode("1"); //停止位
      String sVerify = "N";
      char cVerify = sVerify.charAt(0);
     /* Check parameters * /
      if ((path.length() == 0) || (baudrate == - 1) || nbits == - 1 || nstop == - 1
|| cVerify == 'C') {
        Log.d("11111111", "yyyyyyyyyyyyyy");
        throw new InvalidParameterException();
      }
      Log.d("11111111", "11111111111111111111111111111111111");
      /* Open the serial port * /
      mSerialPort = new SerialPort(new File(path), baudrate, nbits, cVerify, nstop, 0);
      Log.d("11111111", "22222222222222222222222222222222222");
      mOutputStream = mSerialPort.getOutputStream();
      mInputStream = mSerialPort.getInputStream();
      mSerialPort.sri_Init();
      mSerialPort.sri_IOCTL(IOCTRL_PMU_BARCODE_TRIG_LOW);
      mSerialPort.sri_IOCTL(IOCTRL_PMU_BARCODE_ON);
      mSerialPort.sri_IOCTL(IOCTRL_PMU_RFID_ON);
      Log.d("11111111", "33333333333333333333333333333333333");
    } else {
      //view1.setText("串口已打开");
      System.out.println("串口已打开");
      return;
    }
  }
```

⑤ 通过线程进行实时监听串口的数据输入,通过抽象类 onRecDataCom(totalPacket, packetLen);传递给主界面。

```
@ Override
  public void run() {
```

```
        super.run();
        while (isRuning) {
          try {
            Thread.sleep(50);
          } catch (InterruptedException e) {
            e.printStackTrace();
          }
          try {
            byte[] bytes = new byte[0];
            int time = 0;
            while (true) {
              //获取输入流
              int num = mInputStream.available();
              byte[] buffer = new byte[num];
              int ret = mInputStream.read(buffer);
//              Log.e("buffer", bytesToHexString(buffer));
              bytes = byteMerger(bytes, buffer);
//              Log.e("bytes", bytesToHexString(bytes));
              int len = bytes.length;
              if (len > 2) {
                if ((bytes[0] == (byte) 0xFA || bytes[0] == (byte) 0xFD) && ((bytes[1] +
6) == len)) {
                  if (iZgibeeRec != null)
                    iZgibeeRec.onRecDataCom(bytes, len);
                  break;
                }
              }
              time++;
              Thread.sleep(50);
              if (time >= 20) //1秒未组完包则丢弃
                break;
            }
          } catch (Exception e) {
            Log.d("error", "error com");
            e.printStackTrace();
          }
        }
      }
```

⑥ 关闭输入输出流、关闭串口。

```
    private void closeSerialPort() {
        if (mInputStream != null) {
```

```
        try {
          mInputStream.close();
          mInputStream = null;
        } catch (IOException e) {
          e.printStackTrace();
        }
      }
      if (mOutputStream ! = null) {
        try {
          mOutputStream.close();
          mOutputStream = null;
        } catch (IOException e) {
          e.printStackTrace();
        }
      }
      if (mSerialPort ! = null) {
        mSerialPort.close();
        mSerialPort = null;
      }
    }
```

⑦ 更改主界面继承接口“SerialZbThread. IZgibeeRec”。

```
public class MainActivity extends AppCompatActivity implements SerialZbThread.IZgibeeRec
```

⑧ 定义串口线程并初始化。

```
SerialZbThread serialZbThread; //串口线程
//初始化串口线程
    serialZbThread = new SerialZbThread("/dev/ttyAMA4");
    serialZbThread.setiZgibeeRec(this);
    serialZbThread.start();
```

⑨ 重写 onRecDataCom (final byte[] buffer, final int size)方法，对接收到的 315 接收器节点数据进行分析处理。

```
@ Override
  public void onRecDataCom(final byte[] buffer, int len) {
    runOnUiThread(new Runnable() {
      @ Override
      public void run() {
        //获取到的字节数组转成字符串
        String buff = bytesToHexString(buffer);
        //获取 MAC 地址
        String addr = buff.substring(buff.length() - 16, buff.length());
        Log.e("onRecDataCom", "buff:" + buff);
```

```
            if (buffer[6] = =  (byte) 0x03) { //315 无线接收
              //绑定 315 无线接收地址
              if (textView ! =  null && Str315.isEmpty()) {
                Str315 =  addr;
                 textView.setText("315 无线接收地址:" +  Str315 +  "\nLED 蜂鸣器地址:" +
StrLED);
                setToast("315 无线接收地址配置成功");
              }
              //获取码值
              String mazhi =  buff.substring(14, 14 +  4);
              //绑定码值
              if (StrMaZhi.isEmpty()) {
                if (tv_mazhi ! =  null) {
                  StrMaZhi =  mazhi;
                  tv_mazhi.setText("码值:" +  StrMaZhi);
                  setToast("码值绑定成功");
                }
              } else {
                if (mazhi.equals(StrMaZhi)) { //采集的码值和全局变量的码值相同,发生报警
                  //设置报警
                  if (! NowAlarmType)
                    setAlarm(true);
                }
              }
            } else if (buffer[6] = =  (byte) 0X40) { //LED 蜂鸣器
              //绑定 LED 蜂鸣器地址
              if (textView ! =  null && StrLED.isEmpty()) {
                StrLED =  addr;
                 textView.setText("315 无线接收地址:" +  Str315 +  "\nLED 蜂鸣器地址:" +
StrLED);
                setToast("LED 蜂鸣器地址配置成功");
              }
            }
          }
        });
      }
```

⑩ 触发报警和撤销报警的方法。

```
    /* *
      *  报警
      *
      *  @ param Alarm true:触发报警;false:撤销报警
```

```
 * /
private void setAlarm(boolean Alarm) {
  NowAlarmType =  Alarm;
  if (Alarm) {
    //淡入淡出动画需要先设置一个 Drawable 数组,用于变换图片
    Drawable[] drawableArray =  {
        getResources().getDrawable(R.mipmap.truea),
        getResources().getDrawable(R.mipmap.ico_background)
    };
    transitionDrawable =  new TransitionDrawable(drawableArray);
    image.setImageDrawable(transitionDrawable);
    transitionDrawable.startTransition(500);
    tv.setText("当前烟雾浓度超标");
    but_chexiao.setVisibility(View.VISIBLE);
    if (! StrLED.isEmpty())
      new Thread(new Runnable() {
        @ Override
        public void run() {
          serialZbThread.sendZigBee(sendLED(true, SerialZbThread.hexStringToByte
(StrLED)));
        }
      }).start();
  } else {
    //淡入淡出动画需要先设置一个 Drawable 数组,用于变换图片
    Drawable[] drawableArray =  {
        getResources().getDrawable(R.mipmap.ico_background),
        getResources().getDrawable(R.mipmap.truea)
    };
    transitionDrawable =  new TransitionDrawable(drawableArray);
    image.setImageDrawable(transitionDrawable);
    transitionDrawable.startTransition(500);
    tv.setText("当前烟雾浓度正常  空气清新");
    but_chexiao.setVisibility(View.GONE);
    if (! StrLED.isEmpty())
      new Thread(new Runnable() {
        @ Override
        public void run() {
          serialZbThread.sendZigBee(sendLED(false, SerialZbThread.hexStringToByte
(StrLED)));
        }
      }).start();
```

```
    }
  }
```

⑪ 关闭线程，释放资源。

```
//关闭线程，释放资源
private void close() {
    if (serialZbThread ! = null) {
      serialZbThread.interrupt();
      serialZbThread = null;
    }
  }
```

7.5 实验步骤

1) 硬件环境搭建步骤

(1) 准备一台物联网应用开发实训柜。

(2) 打开工程项目文件 X:\ZStack 传感器透明传输源程序 V2.45-07\Projects\GenericApp\CC2530DB\GenericApp.eww；在协议栈中按照实验内容中的配置参数，编译出 CC2530 协调器模块与 315 接收器的 HEX 烧写文件。

(3) 使用 SmartRF Flash Programmer 工具，把编译出的 HEX 文件分别下载到 CC2530 协调器模块及 315 接收器中。

(4) 把实训柜上电组网，并将 CC2530 协调器模块与电脑串口相连。打开串口工具，设置相应参数，读取 315 接收器信息，验证烧写配置是否正确。

2) 物联网网关 Android 应用程序开发步骤

(1) 打开 Android 程序项目工程代码(FT_EntranceGuard_ExperimentBox)。

(2) 编译工程代码，并把生成的 APK 文件安装到物联网网关中。

(3) 打开“燃气联动报警系统”应用程序，进入应用界面。

7.6 实验结果

通过 Build→Build APK 生成 APK 软件，如图 7-3 所示。

等待编译完成之后右下角会弹出如图 7-4 所示提示框。

点击“Show in Explorer”这个蓝色的字体会打开 APK 所在的目录，如图 7-5 所示。

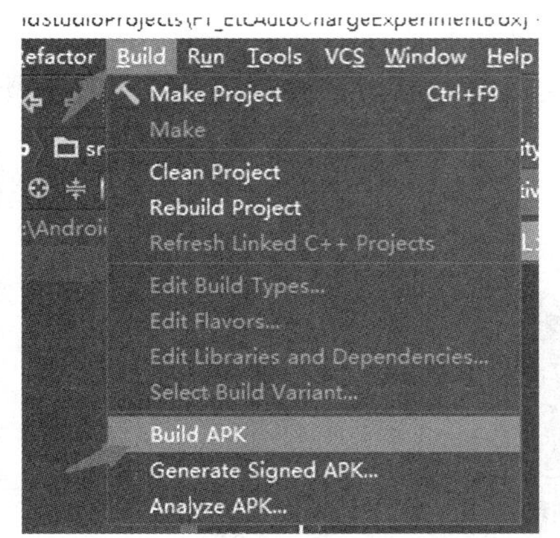

图 7-3 生成 APK 软件

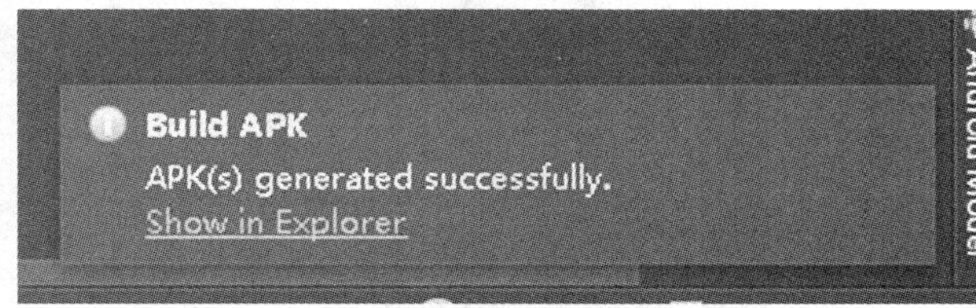

图 7-4 编译完成弹出的提示框

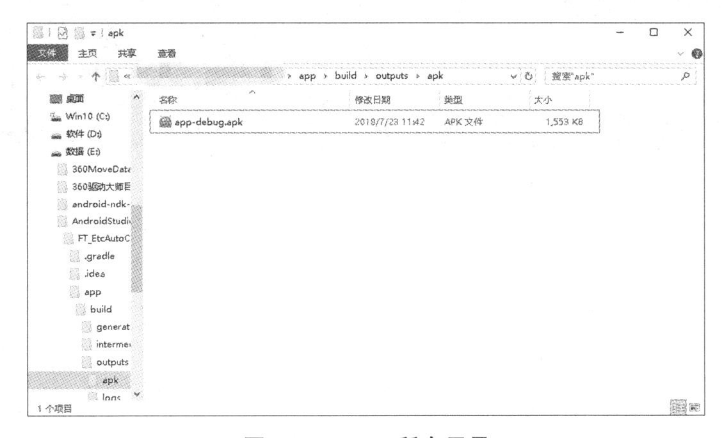

图 7-5 APK 所在目录

将此 APK 文件安装在网关上即可。

安装好的 APK 图标如图 7-6 所示。

打开软件,如图 7-7 所示。

图 7-6 安装好的 APK 图标

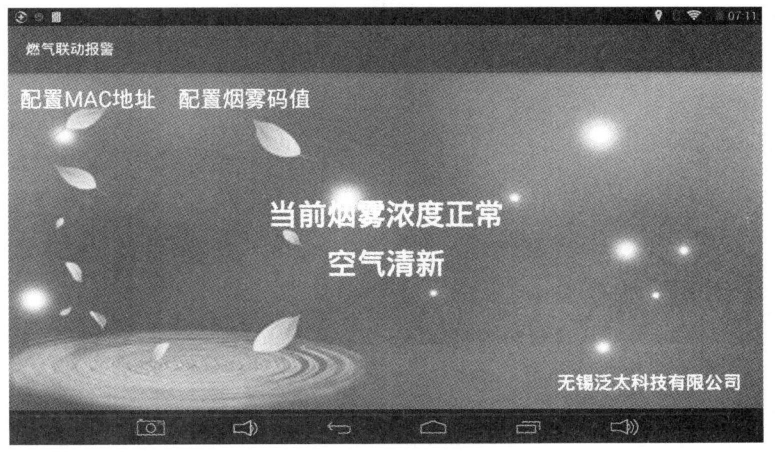

图 7-7 打开软件后

配置 MAC 地址:配置 315 无线接收地址和 LED 蜂鸣器地址。

配置烟雾码值:配置烟雾的码值,当再次接收到烟雾码值时界面将切换到报警界面并伴随 LED 蜂鸣器报警,如图 7-8 所示。

点击下面的“点击此处解除报警”按钮可退出报警。

图 7-8 实验流程图

7.7 总结

本实验介绍了 315 接收器的使用,当传感器检测到气体中燃气的浓度达到一定值时,其输出的 I/O 电平值发生变化,从而控制串口发出报警信息。实践中要注意到空气流动的干扰与监测浓度高低的问题。

任务8　家居调光系统

8.1　学习目标

(1) 熟悉物联网应用系统开发的软硬件环境，并能熟练地使用相关的开发软件。
(2) 了解光线传感器数据的定时上报与采集功能及调光灯的亮度调节控制。
(3) 掌握光线传感器 ZigBee 数据通信协议。
(4) 掌握 Android 串口通信编程。
(5) 掌握家居调光系统的开发与调试。

8.2　实验环境

(1) 硬件：调光灯，光线传感器节点，物联网网关，CCDeBugger 仿真器，PC 机，Micro-USB 线/串口线，CC2530 协调器模块，5 V 电源。

(2) 软件：Windows 7/Windows XP，IAR8. 10-8051 集成环境，Eclipse Android 开发环境。

8.3　实验原理

1) 系统设计目标

光线传感器节点在亮度的监测中得到广泛应用，例如在手机中作亮度自动调节，当环境光线弱的时候，自动降低显示屏亮度，避免反差太大损伤人的眼睛。本实验以智能补光为例，分析光线传感器的采集传输原理及物联网网关业务处理流程，实现家居光线的智能调光功能。系统设计功能及目标如图 8－1 所示。

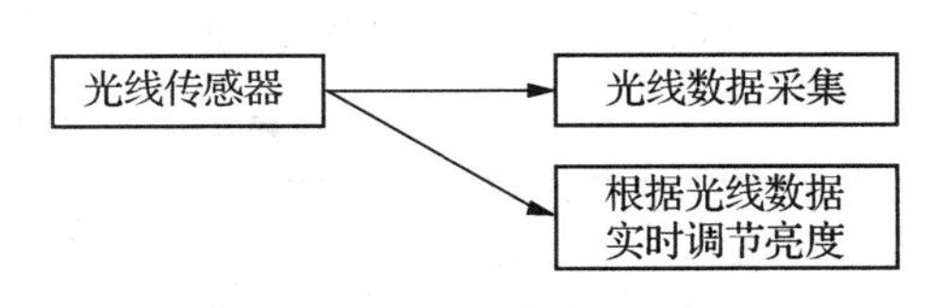

图 8－1　系统设计功能及目标图

2) 业务流程分析

家居调光系统的传输过程分为两个部分：光线传感器和调光灯、物联网网关。通信流程如图 8－2 所示。具体通信描述如下：

(1) 光线传感器节点通过 ZigBee 网络与 CC2530 协调器模块进行组网，物联网网关通过串口与 CC2530 协调器模块进行串口通信。

(2) 光线传感器定时发送传感数据给 CC2530 协调器模块，物联网网关实时监听串口数据，并把得到的数据进行业务处理，再通过 I/O 口对调光灯进行控制，实现家居调光功能。

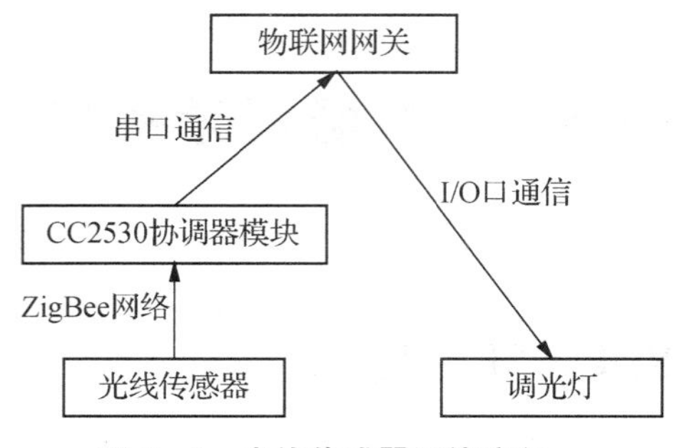

图 8-2　光线传感器通信流程

8.4　实验内容

1) 感知层设计开发

(1) 感知层通信协议分析

感知层通信协议如表 8-1 所示。

表 8-1　感知层通信协议表

数据字节个数							
标志	长度	父节点地址	本节点地址	类型	数据	校验和	MAC 地址
1 字节	1 字节	2 字节	2 字节	1 字节	1 字节	N 字节	8 字节
传感器数据							
传感器名称		类型	数据解析				数据位
光线传感器		21H	00H(0—255 光线值)				1

(2) ZigBee 环境配置

对感知层无线局域网的组网配置主要包含对传感网中 CC2530 协调器模块、室内光线传感器节点进行配置。具体操作步骤如下：

① 按照表 8-2 中参数配置相应 ZigBee 实验节点。

表 8-2　ZigBee 实验节点相应参数配置表

设备	参数	值
CC2530 协调器模块	网络号(Pan_id)	根据实验分组设定(0—0XFFFF)
	信道号(Channel)	根据实验分组(11—26)
	类型	根据实际类型配置
传感器节点(光线传感器)	网络号(Pan_id)	根据实验分组设定(0—0XFFFF)
	信道号(Channel)	根据实验分组(11—26)
	传感器类型	根据实际类型配置(光线传感器:0X21)

② CC2530协调器模块配置烧写。详细烧写步骤请参考任务1农业光线采集的实验内容“1）感知层设计开发”中的CC2530协调器模块配置烧写。

③ 传感器节点配置烧写。详细烧写步骤请参考任务1农业光线采集的实验内容“1）感知层设计开发”中的传感器节点配置烧写。

2）物联网网关程序开发

（1）工程框架介绍。

工程框架如表8-3所示。

表8-3　工程框架表

包名(类名)	说明
ft. dimming. sixtypecabinet 应用包	
MainActivity. java	传感器数据处理主程序
activity_main. xml	主界面布局文件
config_code_value_layout. xml	码值配置界面
serial. utils 应用包	
SerialPort. java	加载动态库. so 文件
SerialZbThread. java	串口通信实时监听线程

（2）业务流程分析。

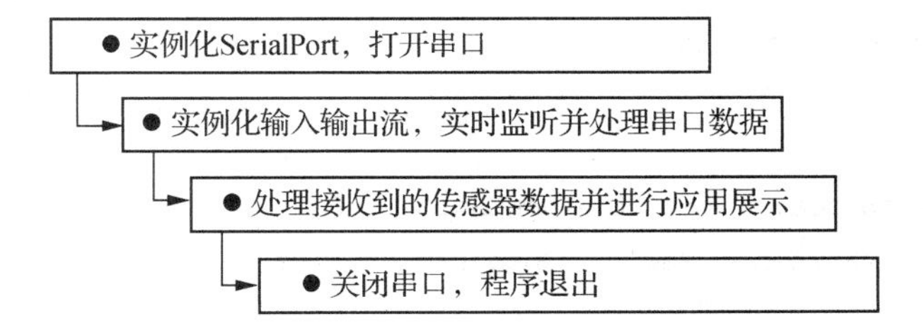

（3）关键程序代码解析。

① 初始化串口及输入输出流。

```
public SerialPort(
        File device,
        int baudrate,
        int nBits,
        char nEvent,
        int nStop,
        int flags) throws SecurityException, IOException
    {
```

```
/* Check access permission * /
if (! device.canRead() || ! device.canWrite()) {
  try {
      /* Missing read/write permission, trying to chmod the file * /
      Process su;
      su = Runtime.getRuntime().exec("/system/bin/su");
      String cmd = "chmod 666 " + device.getAbsolutePath() + "\n"
              + "exit\n";
      su.getOutputStream().write(cmd.getBytes());
      if ((su.waitFor() ! = 0) || ! device.canRead()
              || ! device.canWrite()) {
          throw new SecurityException();
      }
  } catch (Exception e) {
      e.printStackTrace();
      throw new SecurityException();
  }

}

mFd = open(device.getAbsolutePath(), baudrate, nBits, nEvent, nStop, flags);
if (mFd = = null) {
  Log.e(TAG, "native open returns null");

  throw new IOException();
}

mFileInputStream = new FileInputStream(mFd);
mFileOutputStream = new FileOutputStream(mFd);
}
```

② 静态装入. so 文件,声明 JNI 接口类。

```
private native static FileDescriptor open(
        String path, //串口路径
        int baudrate,//波特率
        int nBits,//数据位
        char nVerify,//偶校验位
        int nStop,//停止位
        int flags);
  public native void close();
  public native int sri_Init();
  public native void sri_DeInit();
```

```
    public native int sri_IOCTL(int controlcode);
    public native int write( byte[] data);
    public native int read( byte[] buf, int len);
    public native int select(int sec, int usec);
    static {
        System.loadLibrary("serial_port");
    }
```

③ 实例化 SerialPort。

```
private SerialPort mSerialPort = null;
```

④ 初始化串口号、波特率、数据位、校验位及停止位，打开串口，并实例化输入输出流。

```
private void OpenPort() throws SecurityException, IOException {
    if (mSerialPort == null) {
      String path = "/dev/ttyAMA4"; //串口号
      int baudrate = Integer.decode("38400"); //波特率
      int nbits = Integer.decode("8"); //数据位
      int nstop = Integer.decode("1"); //停止位
      String sVerify = "N";
      char cVerify = sVerify.charAt(0);
    /* Check parameters * /
      if ((path.length() == 0) || (baudrate == -1) || nbits == -1 || nstop == -1
|| cVerify == 'C') {
        Log.d("11111111", "yyyyyyyyyyyyyy");
        throw new InvalidParameterException();
      }
      Log.d("11111111", "11111111111111111111111111111111");
      /* Open the serial port * /
      mSerialPort = new SerialPort(new File(path), baudrate, nbits, cVerify, nstop, 0);
      Log.d("11111111", "22222222222222222222222222222222");
      mOutputStream = mSerialPort.getOutputStream();
      mInputStream = mSerialPort.getInputStream();
      mSerialPort.sri_Init();
      mSerialPort.sri_IOCTL(IOCTRL_PMU_BARCODE_TRIG_LOW);
      mSerialPort.sri_IOCTL(IOCTRL_PMU_BARCODE_ON);
      mSerialPort.sri_IOCTL(IOCTRL_PMU_RFID_ON);
      Log.d("11111111", "33333333333333333333333333333333");
    } else {
      //view1.setText("串口已打开");
      System.out.println("串口已打开");
      return;
    }
  }
```

⑤ 通过线程进行实时监听串口的数据输入，通过抽象类 onRecDataCom(totalPacket, packetLen)；传递给主界面。

```
@ Override
  public void run() {
    super.run();
    while (isRuning) {
      try {
        Thread.sleep(50);
      } catch (InterruptedException e) {
        e.printStackTrace();
      }
      try {
        byte[] bytes = new byte[0];
        int time = 0;
        while (true) {
          //获取输入流
          int num = mInputStream.available();
          byte[] buffer = new byte[num];
          int ret = mInputStream.read(buffer);
//            Log.e("buffer", bytesToHexString(buffer));
          bytes = byteMerger(bytes, buffer);
//            Log.e("bytes", bytesToHexString(bytes));
          int len = bytes.length;
          if (len > 2) {
            if ((bytes[0] = = (byte) 0xFA || bytes[0] = = (byte) 0xFD) && ((bytes[1] +
6) = = len)) {
              if (iZgibeeRec ! = null)
                    iZgibeeRec.onRecDataCom(bytes, len);
              break;
            }
          }
          time+ + ;
          Thread.sleep(50);
          if (time > = 20) //1秒未组完包则丢弃
            break;
        }
      } catch (Exception e) {
        Log.d("error", "error com");
        e.printStackTrace();
      }
```

```
        }
    }
```

⑥ 关闭输入输出流、关闭串口。

```
private void closeSerialPort() {
    if (mInputStream != null) {
      try {
        mInputStream.close();
        mInputStream = null;
      } catch (IOException e) {
        e.printStackTrace();
      }
    }
    if (mOutputStream != null) {
      try {
        mOutputStream.close();
        mOutputStream = null;
      } catch (IOException e) {
        e.printStackTrace();
        }
      }
        if (mSerialPort != null) {
      mSerialPort.close();
      mSerialPort = null;
    }
  }
```

⑦ 更改主界面继承接口"SerialZbThread. IZgibeeRec"。

```
public class MainActivity extends AppCompatActivity implements SerialZbThread.IZgibeeRec
```

⑧ 定义串口线程并初始化。

```
SerialZbThread serialZbThread; //串口线程
//初始化串口线程
    serialZbThread = new SerialZbThread("/dev/ttyAMA4");
    serialZbThread.setiZgibeeRec(this);
    serialZbThread.start();
```

⑨ 重写 onRecDataCom (final byte[] buffer, final int size)方法，对接收到的 FTlink 红外学习节点数据进行分析处理。

```
@ Override
  public void onRecDataCom(final byte[] buffer, int len) {
    runOnUiThread(new Runnable() {
      @ Override
      public void run() {
```

```
//获取到的字节数组转成字符串
String buff = bytesToHexString(buffer);
//获取 MAC 地址
String addr = buff.substring(buff.length() - 16, buff.length());
Log.e("onRecDataCom", "buff:" + buff);
if (buffer[6] = = (byte) 0x25) { //FTlink 红外学习
  //配置 MAC 地址
  if (textView ! = null && StrAddr = = null) {
    StrAddr = addr;
    textView.setText(StrAddr);
  setToast("MAC 地址配置成功!");
  }
  switch (buffer[10]) {
    case (byte) 0x51: //固定码发射回复
      switch (buffer[11]) {
        case (byte) 0xa3: //315
        case (byte) 0xa4: //433
          setToast("发送成功!");
          switch (NowButton) { //当前点击的按钮
            case R.id.but_up: //调亮
              if (isLightType) {
                //图片调亮调暗
                if (brightness < = 60) {
                  brightness + = 20;
                  changeLight();
                } else {
                  setToast("已经是最亮了");
                }
              } else {
                setToast("请先打开灯,如果灯已打开请先点击软件上面的打开按钮");
              }
              break;
            case R.id.but_open: //打开
              isLightType = true;
              image.setImageResource(R.mipmap.ico_light_open);
            { //调到正常亮度
              brightness = 0;
      changeLight();
            }
            break;
```

```
                case R.id.but_close: //关闭
                  isLightType = false;
                  image.setImageResource(R.mipmap.ico_light_close);
                { //调到正常亮度
                  brightness = 0;
                  changeLight();
                }
                break;
                case R.id.but_down: //调暗
                  if (isLightType) {
                    //图片调亮调暗
                    if (brightness > = - 60) {
                      brightness - = 20;
                      changeLight();
                    } else {
                      setToast("已经是最暗了");
                    }
                  } else {
                    setToast("请先打开灯,如果灯已打开请先点击软件上面的打开按钮");
                  }
                  break;
              }
              break;
          }
          break;
        }
      }
    }
  });
}
```

⑩ 图片调亮调暗的方法。

```
private void changeLight() {
    //图片色彩处理
    ColorMatrix matrix = new ColorMatrix();
    matrix.set(new float[]{1, 0, 0, 0, brightness, 0, 1, 0, 0, brightness, 0, 0, 1, 0,
brightness, 0, 0, 0, 1, 0});
    //色彩矩阵颜色过滤器
    ColorMatrixColorFilter cmcf = new ColorMatrixColorFilter(matrix);
    image.setColorFilter(cmcf); //imageView为显示图片的View。
}
```

⑪ 关闭线程,释放资源。

```
//关闭线程,释放资源
private void close() {
if (serialZbThread ! = null) {
    serialZbThread.interrupt();
      serialZbThread = null;
    }
  }
```

8.5 实验步骤

1) 硬件环境搭建步骤

(1) 准备一台物联网应用开发实训柜。

(2) 打开工程项目文件 X:\ZStack 传感器透明传输源程序 V2.45-07\Projects\GenericApp\CC2530DB\GenericApp.eww;在协议栈中按照实验内容中的配置参数,编译出CC2530 协调器模块与光线传感器的 HEX 烧写文件。

(3) 使用 SmartRF Flash Programmer 工具,把编译出的 HEX 文件分别下载到 CC2530 协调器模块及指纹节点中。

(4) 把实训柜上电组网,并将 CC2530 协调器模块与电脑串口相连。打开串口工具,设置相应参数,读取光线传感器信息,验证烧写配置是否正确。

2) 物联网网关 Android 应用程序开发步骤

(1) 打开 Android 程序项目工程代码(FT_Light_ExperimentBox)。

(2) 编译工程代码,并把生成的 APK 文件安装到物联网网关中。

(3) 打开"家居调光系统"应用程序,进入应用界面,界面显示当前的室内光线值,并通过设置光线阈值模拟灯光联动。

8.6 实验结果

通过 Build→Build APK 生成 APK 软件,如图 8-3 所示。

等待编译完成之后右下角会弹出如图 8-4 所示提示框。

点击"Show in Explorer"这个蓝色的字体会打开 APK 所在的目录,如图 8-5 所示。

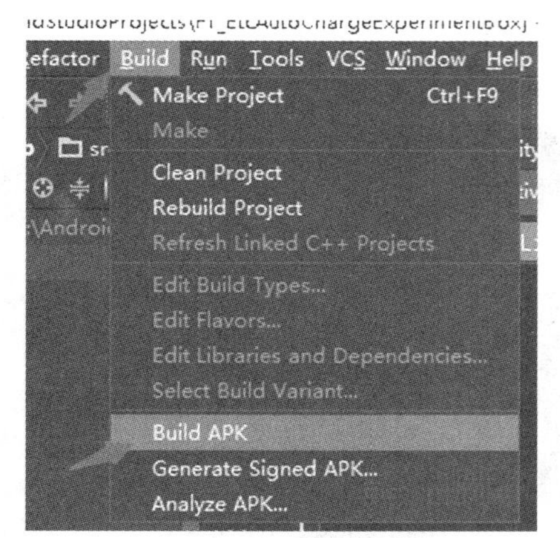

图 8－3　生成 APK 软件

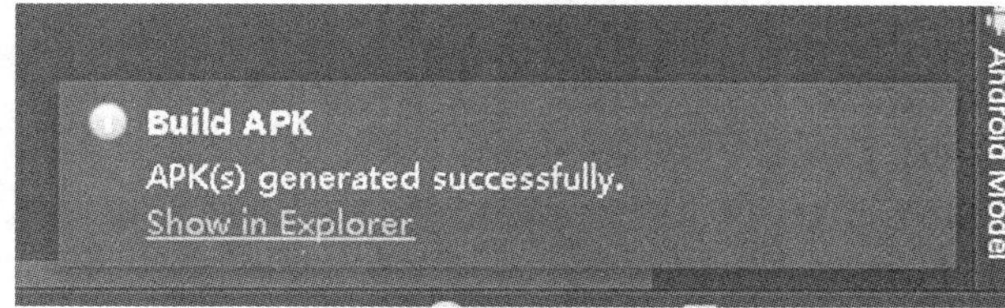

图 8－4　编译完成弹出的提示框

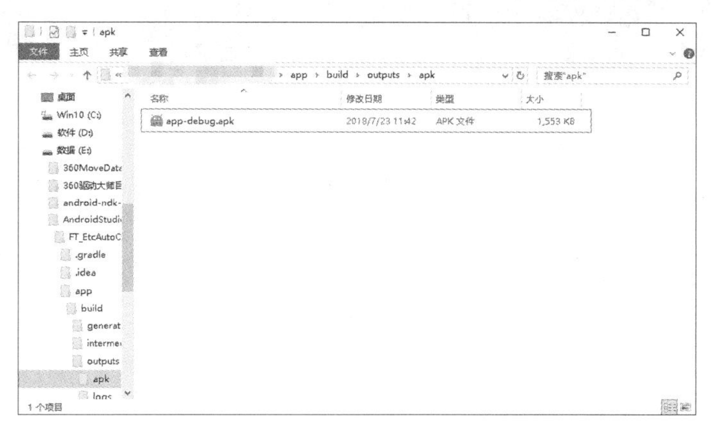

图 8－5　APK 所在目录

将此 APK 文件安装在网关上即可。

安装好的 APK 图标如图 8－6 所示。

打开软件，如图 8－7 所示。

图 8－6　安装好的 APK 图标

图 8－7　打开软件后

配置 MAC 地址：配置传感器的 MAC 地址。

码值学习：调光模块的码值学习，界面如图 8－8 所示。

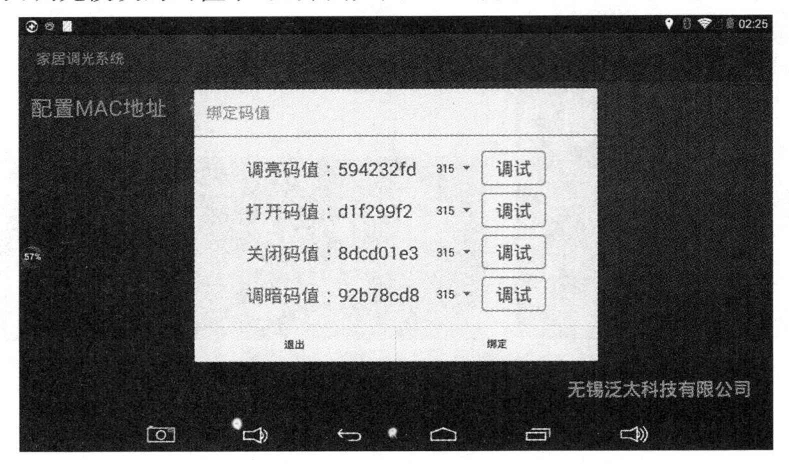

图 8－8　码值学习

码值会随机生成，将调光模块进入到学习状态，点击调试按钮即可将码值学习到模块中，最后别忘了点击“绑定”按钮（如果不点击“绑定”按钮，下次再点击“码值学习”按钮时码值会变的）。

码值绑定完之后便可以在主界面对调光模块进行打开、关闭、调亮、调暗的操作了。

8.7　总结

本实验展示了家居调光的实时数据显示及智能调光功能，通过 ZigBee 传输系统可以实现室内光线的实时监测，并通过码值的设定，实现灯光调节。

项目三　智能货架应用开发

物联网智能货架管理系统包含了一个 RFID 智能货架，它由 RFID 高频读写器、天线选择板和若干平板天线构成，货架内嵌的平板天线采用水平方式放置，平放于每层货架的底部，每层货架放置一组数码管输出，用于显示当前该层货架的数量。将基础实验中使用的每个设备当作货物，在其底部贴上电子标签（写入货品信息），平放于货架的天线上，保证能够读取到货品信息。本实训项目选择其中的货架盘点、出入库管理开发两个实训任务。

任务 9　货架盘点

9.1　学习目标

（1）熟悉物联网应用系统开发的软硬件环境，并能熟练地使用相关的开发软件。

（2）了解 13.56M 高频模块的采集及控制功能。

（3）掌握 13.56M 高频模块 ZigBee 数据通信协议。

（4）掌握 Android 串口及 I/O 口通信编程。

（5）掌握智能货架盘点系统的开发与调试。

9.2　实验环境

（1）硬件：货架，高频卡，13.56 M 高频 RFID 模块，物联网网关，CCDeBugger 仿真器，PC 机，Micro-USB 线/串口线，CC2530 协调器模块，5 V 电源。

（2）软件：Windows 7/Windows XP，IAR8.10-8051 集成环境，Eclipse Android 开发环境。

9.3　实验原理

1）系统设计目标

13.56 M 高频模块是较为常见的 RFID 射频模块之一，主要应用于校园一卡通系统、城市公交系统、大型会议签到系统、考勤系统、门禁系统等，识读距离通常在 10 厘米以内，在这个频段运行的标签绝大部分是无源的，依靠读写器供给能源。采用这个频段的 RFID 系统得到。本实验以货架盘点系统为例，分析高频模块的采集传输原理及物联网网关业务处理流程。实现对货架的盘点。系统设计功能及目标如图 9－1 所示。

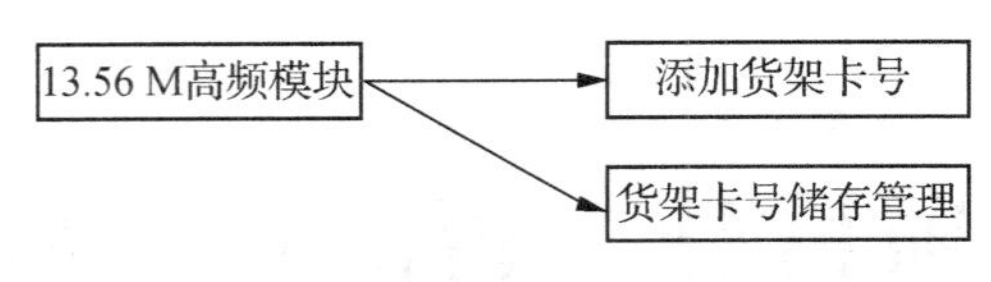

图 9－1　货架盘点系统流程图

2）业务流程分析

货架系统的传输过程分为两个部分：13.56 M 高频模块和高频卡、物联网网关。通信流程如图 9－2 所示。具体通信描述如下：

（1）13.56 M 高频模块通过 ZigBee 网络与 CC2530 协调器模块进行组网，物联网网关通过串口与 CC2530 协调器模块进行串口通信。

（2）13.56 M 高频模块将读取高频卡的卡号发送给 CC2530 协调器模块，物联网网关实时监听串口数据，接收到卡号后，网关进行业务处理。

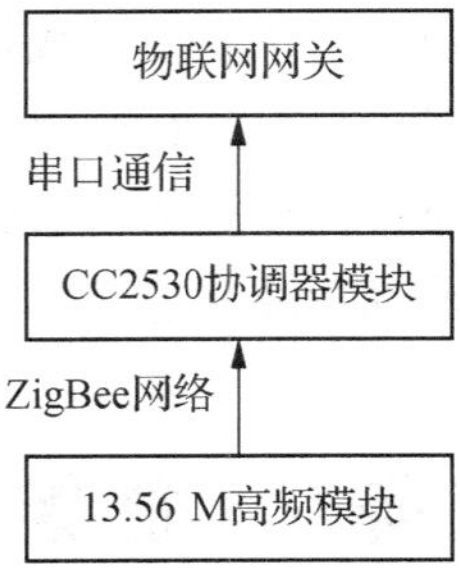

物联网网关
串口通信
CC2530协调器模块
ZigBee网络
13.56 M高频模块

图 9－2　货架盘点通信流程图

3）感知层硬件

智能货架分为高频读写器、天线选择板及天线三部分，如图 9－3 所示。

高频读写器采用 13.56 M TRF7960 芯片，TRF7960A 是一款高性能的 13.56 M HzHF RFID 读取器 IC，它由一个集成模拟前端（AFE）和一个用于 ISO15693、ISO14443A/B、FeliCa 的内置数据成帧引擎组成。我们这里主要使用的是 ISO15693 协议处理，通过 MSP430 主控来完成 TRF7960 所有寄存器的控制及 15693 卡片的读写。

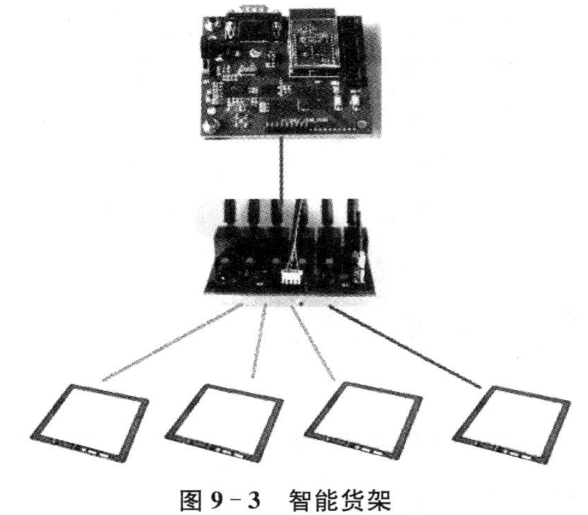

图 9－3　智能货架

天线选择板上共有 1 个主天线接口，4 个子天线接口，分别与 4 个库位下方的平板天线连接；板上通过单片机控制定时逐次轮询各个天线，通过继电器与高频读写器输出的主天线接口相连，物理连接简洁；轮询过程中，某一个库位的平板天线、子天线接口与高频读写器相连，识别库位的货物信息。天线选择板最大可支持 12 个子天线接口。

9.4 实验内容

1) 感知层设计开发

(1) 感知层协议分析

感知层通信协议如表 9－1 所示。

表 9－1　感知层通信协议表

数据字节个数							
标志	长度	父节点地址	本节点地址	类型	数据	校验和	MAC 地址
1 字节	1 字节	2 字节	2 字节	1 字节	4 字节	N 字节	8 字节

(2) ZigBee 环境配置

对感知层无线局域网的组网配置主要包含对传感网中 CC2530 协调器模块、13.56M 高频模块进行配置。具体操作步骤如下：

① 按照表 9－2 中参数配置相应 ZigBee 实验节点。

表 9－2　ZigBee 实验节点参数配置表

设备	参数	值
CC2530 协调器模块	网络号(Pan_id)	根据实验分组设定(0—0XFFFF)
	信道号(Channel)	根据实验分组(11—26)
	类型	根据实际类型配置
传感器节点	网络号(Pan_id)	根据实验分组设定(0—0XFFFF)
	信道号(Channel)	根据实验分组(11—26)
	传感器类型	根据实际类型配置

② CC2530 协调器模块配置烧写。

详细烧写步骤请参考任务 1 农业光线采集的实验内容“1) 感知层设计开发”中的 CC2530 协调器模块配置烧写。

③ 传感器节点配置烧写。

详细烧写步骤请参考任务 1 农业光线采集的实验内容“1) 感知层设计开发”中的传感器节点配置烧写。

2) 物联网网关程序开发

(1) 工程框架介绍。

工程框架如表 9－3 所示。

表 9-3　工程框架表

包名(类名)	说明
ft. shelfinventory. sixtypecabinet 应用包	
MainActivity. java	传感器数据处理主程序
activity_main. xml	主界面布局文件
add_goods. xml	货物添加界面
serial. utils 应用包	
SerialPort. java	加载动态库. so 文件
SerialZbThread. java	串口通信实时监听线程

（2）业务流程分析。

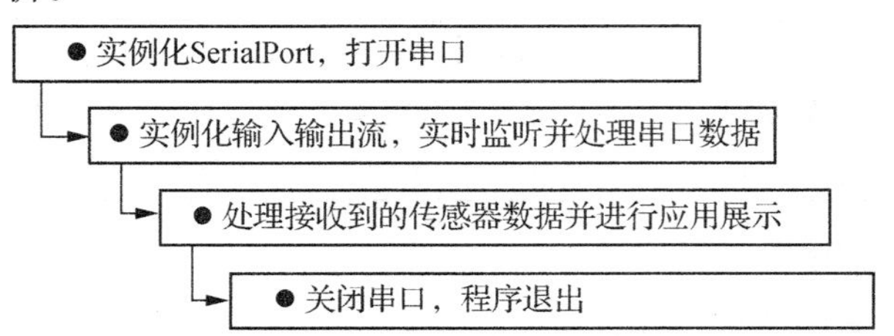

（3）关键程序代码解析。

① 初始化串口及输入输出流。

```
public SerialPort(
            File device,
            int baudrate,
            int nBits,
            char nEvent,
            int nStop,
            int flags) throws SecurityException, IOException
        {
        /*  Check access permission * /
        if (! device.canRead() || ! device.canWrite()) {
            try {
                /*  Missing read/write permission, trying to chmod the file * /
                Process su;
                su =  Runtime.getRuntime().exec("/system/bin/su");
                String cmd =  "chmod 666 " +  device.getAbsolutePath() +  "\n"
                        +  "exit\n";
                su.getOutputStream().write(cmd.getBytes());
                if ((su.waitFor() ! =  0) || ! device.canRead()
                        || ! device.canWrite()) {
                    throw new SecurityException();
                }
            } catch (Exception e) {
```

```
                e.printStackTrace();
                throw new SecurityException();
            }

        }

        mFd = open(device.getAbsolutePath(), baudrate, nBits, nEvent, nStop, flags);
        if (mFd == null) {
            Log.e(TAG, "native open returns null");

            throw new IOException();
        }

        mFileInputStream = new FileInputStream(mFd);
        mFileOutputStream = new FileOutputStream(mFd);
    }
```

② 静态装入.so 文件，声明 JNI 接口类。

```
private native static FileDescriptor open(
            String path, //串口路径
            int baudrate,//波特率
            int nBits,//数据位
            char nVerify,//偶校验位
            int nStop,//停止位
            int flags);
    public native void close();
    public native int sri_Init();
    public native void sri_DeInit();
    public native int sri_IOCTL(int controlcode);
    public native int write( byte[] data);
    public native int read( byte[] buf, int len);
    public native int select(int sec, int usec);
    static {
        System.loadLibrary("serial_port");
    }
```

③ 实例化 SerialPort。

```
private SerialPort mSerialPort = null;
```

④ 初始化串口号、波特率、数据位、校验位及停止位，打开串口，并实例化输入输出流。

```
private void OpenPort() throws SecurityException, IOException {
    if (mSerialPort == null) {
        String path = "/dev/ttyAMA4"; //串口号
        int baudrate = Integer.decode("38400"); //波特率
```

```
            int nbits = Integer.decode("8"); //数据位
            int nstop = Integer.decode("1"); //停止位
            String sVerify = "N";
            char cVerify = sVerify.charAt(0);
            /* Check parameters * /
            if ((path.length() == 0) || (baudrate == - 1) || nbits == - 1 || nstop == - 1
|| cVerify == 'C') {
              Log.d("11111111", "yyyyyyyyyyyyyy");
              throw new InvalidParameterException();
            }
            Log.d("11111111", "1111111111111111111111111111111111");
            /* Open the serial port * /
            mSerialPort = new SerialPort(new File(path), baudrate, nbits, cVerify, nstop, 0);
            Log.d("11111111", "2222222222222222222222222222222222");
            mOutputStream = mSerialPort.getOutputStream();
            mInputStream = mSerialPort.getInputStream();
            mSerialPort.sri_Init();
            mSerialPort.sri_IOCTL(IOCTRL_PMU_BARCODE_TRIG_LOW);
            mSerialPort.sri_IOCTL(IOCTRL_PMU_BARCODE_ON);
            mSerialPort.sri_IOCTL(IOCTRL_PMU_RFID_ON);
            Log.d("11111111", "3333333333333333333333333333333333");
          } else {
            //view1.setText("串口已打开");
            System.out.println("串口已打开");
            return;
          }
        }
```

⑤ 通过线程进行实时监听串口的数据输入，通过抽象类 onRecDataCom(totalPacket, packetLen);传递给主界面。

```
    @ Override
        public void run() {
          super.run();
          while (isRuning) {
            try {
              Thread.sleep(50);
            } catch (InterruptedException e) {
              e.printStackTrace();
            }
            try {
              byte[] bytes = new byte[0];
              int time = 0;
```

```
                while (true) {
                //获取输入流
                int num = mInputStream.available();
                byte[] buffer = new byte[num];
                int ret = mInputStream.read(buffer);
//              Log.e("buffer", bytesToHexString(buffer));
                bytes = byteMerger(bytes, buffer);
//              Log.e("bytes", bytesToHexString(bytes));
                int len = bytes.length;
                if (len > 2) {
                  if ((bytes[0] == (byte) 0xFA || bytes[0] == (byte) 0xFD) && ((bytes[1] +
6) == len)) {
                    if (iZgibeeRec != null)
                      iZgibeeRec.onRecDataCom(bytes, len);
                    break;
                  }
                }
                time++;
                Thread.sleep(50);
                if (time >= 20) //1秒未组完包则丢弃
                  break;
              }
            } catch (Exception e) {
              Log.d("error", "error com");
              e.printStackTrace();
            }
          }
        }
```

⑥ 关闭输入输出流、关闭串口。

```
    private void closeSerialPort() {
        if (mInputStream != null) {
          try {
            mInputStream.close();
            mInputStream = null;
          } catch (IOException e) {
            e.printStackTrace();
          }
        }
        if (mOutputStream != null) {
          try {
            mOutputStream.close();
```

```
            mOutputStream = null;
          } catch (IOException e) {
            e.printStackTrace();
          }
        }
        if (mSerialPort ! = null) {
          mSerialPort.close();
          mSerialPort = null;
        }
      }
```

⑦ 更改主界面继承接口“SerialZbThread. IZgibeeRec”。

```
public class MainActivity extends AppCompatActivity implements SerialZbThread.IZgibeeRec
```

⑧ 定义串口线程并初始化。

```
SerialZbThread serialZbThread; //串口线程
//初始化串口线程
      serialZbThread = new SerialZbThread("/dev/ttyAMA4");
      serialZbThread.setiZgibeeRec(this);
      serialZbThread.start();
```

⑨ 重写 onRecDataCom (final byte[] buffer, final int size)方法,对接收到的货架节点数据进行分析处理。

```
@ Override
    public void onRecDataCom(final byte[] buffer, int len) {
      runOnUiThread(new Runnable() {
        @ Override
        public void run() {
          //获取到的字节数组转成字符串
          String buff = bytesToHexString(buffer);
          //获取 MAC 地址
          String addr = buff.substring(buff.length() - 16, buff.length());
          Log.e("onRecDataCom", "buff:" + buff);
          if (buffer[6] = = (byte) 0x0a) { //智能货架
            //配置 MAC 地址
            if (textView ! = null && StrAddr.isEmpty()) {
              StrAddr = addr;
              textView.setText(StrAddr);
              setToast("MAC 地址配置成功!");
            }
            //库位号+ 卡号
            byte[] bytes = new byte[18];
            System.arraycopy(buffer, 8, bytes, 0, bytes.length);
```

```
Log.e("onRecDataCom", "buff:" + buff);
//转换成字符串
String Str = new String(bytes);
if (Str.substring(0, 2).equals("FF")) { //无卡号
  //获取货架号
  int card = Integer.parseInt(Str.substring(2, 4));
  switch (card) {
    case 1: //1 号无卡
      image_one.setImageResource(R.mipmap.wu);
      break;
    case 2: //2 号无卡
      image_two.setImageResource(R.mipmap.wu);
      break;
    case 3: //3 号无卡
      image_three.setImageResource(R.mipmap.wu);
      break;
    case 4: //4 号无卡
      image_for.setImageResource(R.mipmap.wu);
      break;
  }
} else {
  //获取卡号
  String StrCard = Str.substring(2, Str.length());
  //获取货架号
  String card = Str.substring(0, 2);
  switch (card) {
    case "01": //1 号有货物
      changeImageView(StrCard, image_one);
      break;
    case "02": //2 号有货物
      changeImageView(StrCard, image_two);
      break;
    case "03": //3 号有货物
      changeImageView(StrCard, image_three);
      break;
    case "04": //4 号有货物
      changeImageView(StrCard, image_for);
      break;
  }
  //添加卡号时显示卡号
  if (tv_card ! = null)
```

```
                tv_card.setText(StrCard);
              }
            }
          }
        });
      }
```

⑩ 关闭线程，释放资源。

```
//关闭线程，释放资源
private void close() {
      if (serialZbThread != null) {
        serialZbThread.interrupt();
        serialZbThread = null;
      }
    }
```

9.5 实验步骤

1) 硬件环境搭建步骤

(1) 准备一台物联网应用开发实训柜。

(2) 打开工程项目文件；在协议栈中按照实验内容中的配置参数，编译出 CC2530 协调器模块与 13.56 M 高频模块的 HEX 烧写文件。

(3) 使用 SmartRF Flash Programmer 工具，把编译出的 HEX 文件分别下载到 CC2530 协调器模块及 13.56 M 高频模块中。

(4) 把实训柜上电组网，并将 CC2530 协调器模块与电脑串口相连。打开串口工具，设置相应参数，读取 13.56 M 高频模块信息，验证烧写配置是否正确。

2) 物联网网关 Android 应用程序开发步骤

(1) 打开 Android 程序项目工程代码。

(2) 编译工程代码，并把生成的 APK 文件安装到物联网网关中。

(3) 打开“货架盘点”应用程序，进入应用界面。

9.6 实验结果

通过 Build→Build APK 生成 APK 软件，如图 9-4 所示。

等待编译完成之后右下角会弹出如图 9-5 所示提示框。

点击“Show in Explorer”这个蓝色的字体会打开 APK 所在的目录，如图 9-6 所示。

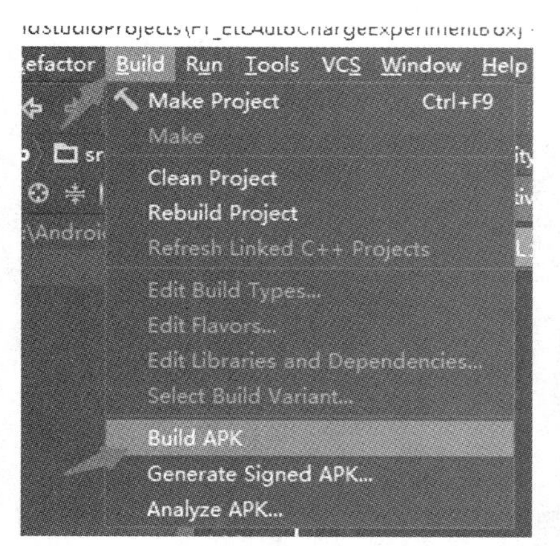

图 9－4　生成 APK 文件

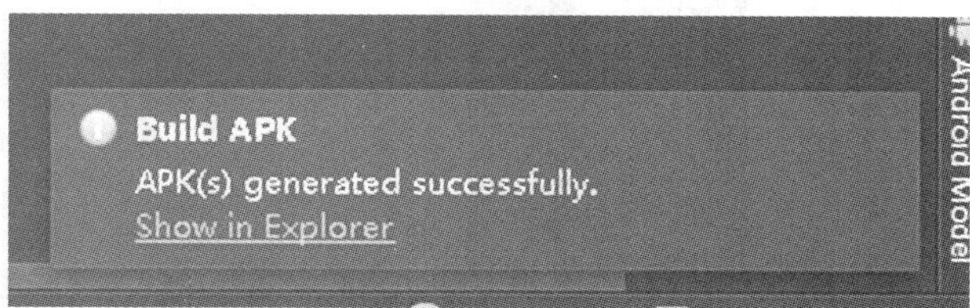

图 9－5　编译完成

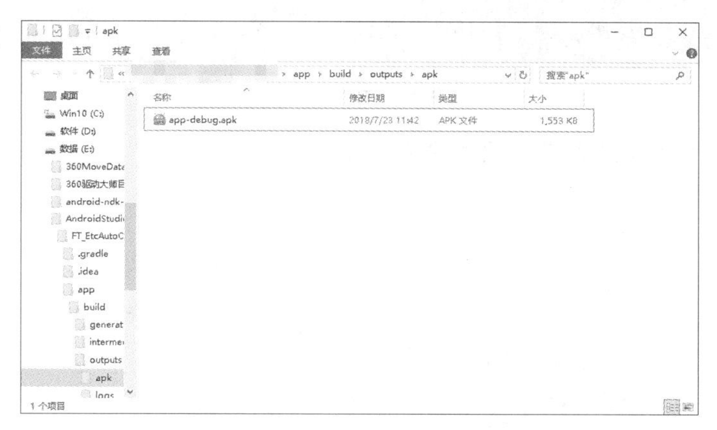

图 9－6　APK 所在文件夹

将此 APK 文件安装在网关上即可。

安装好的 APK 图标如图 9－7 所示。

打开软件，如图 9－8 所示。

图 9－7　安装完成图

图 9－8　APK 界面图

配置 MAC 地址:配置传感器的 MAC 地址。

添加货物:主要是将卡号和货物绑定,界面如图 9-9 所示。

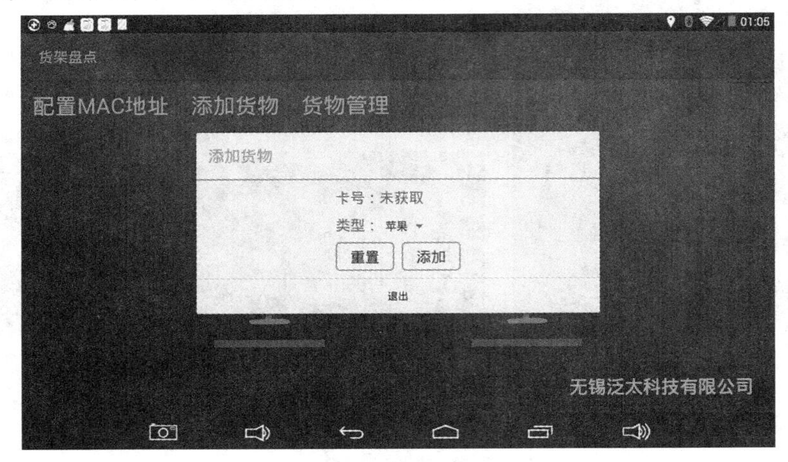

图 9-9　控制界面图

货物管理:可以对添加的货物进行查看和删除。

9.7　总结

本实验展示了 ZigBee 传输系统可以采集 13.56M 卡号,通过添加和管理货物卡号来实现智能货架盘点,但功能还不够完善,任务 10 将拓展其功能,增加货物的出入库管理,具体参看任务 10。

任务10　出入库管理

10.1　学习目标

（1）熟悉物联网应用系统开发的软硬件环境，并能熟练地使用相关的开发软件。
（2）了解13.56 M高频模块的采集及控制功能。
（3）掌握13.56 M高频模块ZigBee数据通信协议。
（4）掌握Android串口及I/O口通信编程。
（5）掌握出入库管理系统的开发与调试。

10.2　实验环境

（1）硬件：货架，高频卡，13.56 M高频RFID模块，物联网网关，CCDeBugger仿真器，PC机，Micro-USB线/串口线，CC2530协调器模块，5 V电源。
（2）软件：Windows 7/Windows XP，IAR8.10-8051集成环境，Eclipse Android开发环境。

10.3　实验原理

1）系统设计目标

本实验分析高频模块的采集传输原理及物联网网关业务处理流程，拓展了任务9货架盘点系统的功能，增加货物的出入库管理。系统设计功能及目标如图10－1所示。

2）业务流程分析

货架系统的传输过程分为两个部分：13.56 M高频模块和高频卡、物联网网关。通信流程如图10－2所示。具体通信描述如下：
（1）13.56 M高频模块通过ZigBee网络与CC2530协调器模块进行组网，物联网网关通过串口与CC2530协调器模块进行串口通信。
（2）13.56 M高频模块将读取高频卡的卡号发送给CC2530协调器模块，物联网网关实时监听串口数据，接收到卡号后，网关进行业务处理。

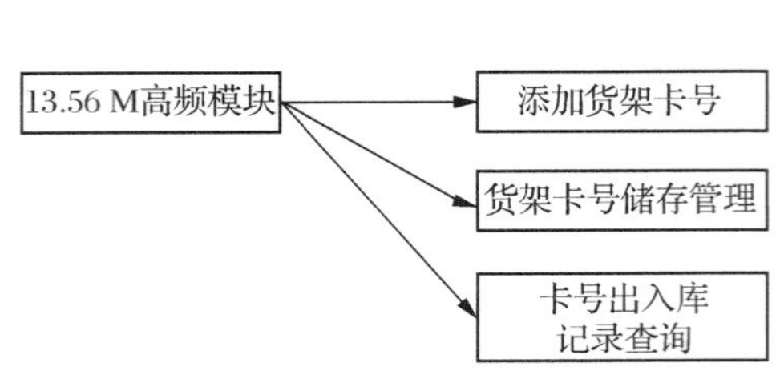

图 10－1　出入库管理系统流程图

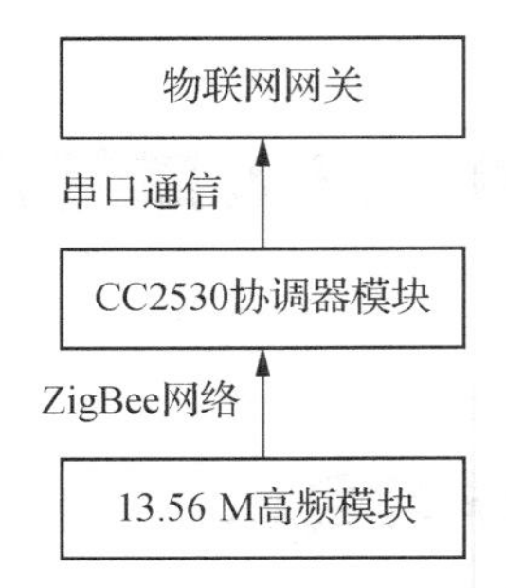

图 10－2　出入库管理通信流程图

10.4　实验内容

1) 感知层设计开发

(1) 感知层协议分析

感知层通信协议如表 10－1 所示。

表 10－1　感知层通信协议表

数据字节个数							
标志	长度	父节点地址	本节点地址	类型	数据	校验和	MAC 地址
1 字节	1 字节	2 字节	2 字节	1 字节	4 字节	N 字节	8 字节

(2) ZigBee 环境配置

对感知层无线局域网的组网配置主要包含对传感网中 CC2530 协调器模块、13.56 M 高频模块进行配置。具体操作步骤如下：

① 按照表 10－2 中参数配置相应 ZigBee 实验节点。

表 10－2　ZigBee 实验节点参数配置表

设备	参数	值
CC2530 协调器模块	网络号(Pan_id)	根据实验分组设定(0—0XFFFF)
	信道号(Channel)	根据实验分组(11—26)
	类型	根据实际类型配置
传感器节点	网络号(Pan_id)	根据实验分组设定(0—0XFFFF)
	信道号(Channel)	根据实验分组(11—26)
	传感器类型	根据实际类型配置

② CC2530 协调器模块配置烧写。

详细烧写步骤请参考任务 1 农业光线采集的实验内容“1）感知层设计开发”中的 CC2530 协调器模块配置烧写。

③ 传感器节点配置烧写。

详细烧写步骤请参考任务 1 农业光线采集的实验内容“1）感知层设计开发”中的传感器节点配置烧写。

2）物联网网关程序开发

（1）工程框架介绍，工程框架如表 10 - 3 所示。

表 10 - 3　工程框架表

包名(类名)	说明
ft. outofstorage. sixtypecabinet 应用包	
MainActivity. java	传感器数据处理主程序
activity_main. xml	主界面布局文件
add_goods. xml	货物添加界面
serial. utils 应用包	
SerialPort. java	加载动态库. so 文件
SerialZbThread. java	串口通信实时监听线程

（2）业务流程分析。

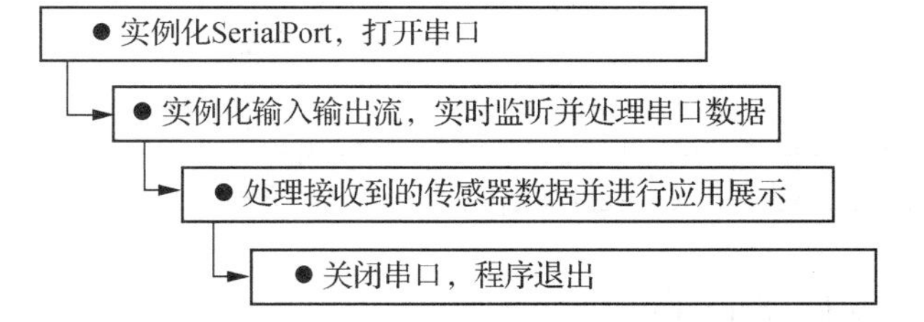

（3）关键程序代码解析。

① 初始化串口及输入输出流。

```
public SerialPort(
        File device,
        int baudrate,
        int nBits,
        char nEvent,
        int nStop,
        int flags) throws SecurityException, IOException
    {
    /*  Check access permission * /
    if (! device.canRead() || ! device.canWrite()) {
```

```
            try {
              /*  Missing read/write permission, trying to chmod the file * /
              Process su;
              su =  Runtime.getRuntime().exec("/system/bin/su");
              String cmd =  "chmod 666 " +  device.getAbsolutePath() +  "\n"
                      +  "exit\n";
              su.getOutputStream().write(cmd.getBytes());
              if ((su.waitFor() ! =  0) || ! device.canRead()
                      || ! device.canWrite()) {
                  throw new SecurityException();
              }
            } catch (Exception e) {
              e.printStackTrace();
              throw new SecurityException();
            }

        }

        mFd =  open(device.getAbsolutePath(), baudrate, nBits, nEvent, nStop, flags);
        if (mFd = =  null) {
            Log.e(TAG, "native open returns null");

            throw new IOException();
        }

        mFileInputStream =  new FileInputStream(mFd);
        mFileOutputStream =  new FileOutputStream(mFd);
}
```

② 静态装入. so 文件，声明 JNI 接口类。

```
private native static FileDescriptor open(
            String path, //串口路径
            int baudrate,//波特率
            int nBits,//数据位
            char nVerify,//偶校验位
            int nStop,//停止位
            int flags);
public native void close();
public native int sri_Init();
public native void sri_DeInit();
public native int sri_IOCTL(int controlcode);
public native int write( byte[] data);
```

```
public native int read( byte[] buf, int len);
public native int select(int sec, int usec);
static {
    System.loadLibrary("serial_port");
}
```

③ 实例化 SerialPort。

```
private SerialPort mSerialPort = null;
```

④ 初始化串口号、波特率、数据位、校验位及停止位，打开串口，并实例化输入输出流。

```
private void OpenPort() throws SecurityException, IOException {
        if (mSerialPort == null) {
          String path = "/dev/ttyAMA4"; //串口号
          int baudrate = Integer.decode("38400"); //波特率
          int nbits = Integer.decode("8"); //数据位
          int nstop = Integer.decode("1"); //停止位
          String sVerify = "N";
          char cVerify = sVerify.charAt(0);
        /* Check parameters * /
          if ((path.length() == 0) || (baudrate == - 1) || nbits == - 1 || nstop == - 1
|| cVerify == 'C') {
            Log.d("11111111", "yyyyyyyyyyyyyy");
            throw new InvalidParameterException();
          }
          Log.d("11111111", "1111111111111111111111111111111111");
          /* Open the serial port * /
          mSerialPort = new SerialPort(new File(path), baudrate, nbits, cVerify, nstop, 0);
          Log.d("11111111", "2222222222222222222222222222222222");
          mOutputStream = mSerialPort.getOutputStream();
          mInputStream = mSerialPort.getInputStream();
          mSerialPort.sri_Init();
          mSerialPort.sri_IOCTL(IOCTRL_PMU_BARCODE_TRIG_LOW);
          mSerialPort.sri_IOCTL(IOCTRL_PMU_BARCODE_ON);
          mSerialPort.sri_IOCTL(IOCTRL_PMU_RFID_ON);
          Log.d("11111111", "3333333333333333333333333333333333");
        } else {
          //view1.setText("串口已打开");
          System.out.println("串口已打开");
          return;
        }
      }
```

⑤ 通过线程进行实时监听串口的数据输入，通过抽象类 onRecDataCom(totalPacket, packetLen);传递给主界面。

```
@ Override
    public void run() {
      super.run();
      while (isRuning) {
        try {
          Thread.sleep(50);
        } catch (InterruptedException e) {
          e.printStackTrace();
        }
        try {
          byte[] bytes = new byte[0];
          int time = 0;
          while (true) {
            //获取输入流
            int num = mInputStream.available();
            byte[] buffer = new byte[num];
            int ret = mInputStream.read(buffer);
//              Log.e("buffer", bytesToHexString(buffer));
            bytes = byteMerger(bytes, buffer);
//              Log.e("bytes", bytesToHexString(bytes));
            int len = bytes.length;
            if (len > 2) {
              if ((bytes[0] == (byte) 0xFA || bytes[0] == (byte) 0xFD) && ((bytes[1] +
6) == len)) {
                if (iZgibeeRec != null)
                  iZgibeeRec.onRecDataCom(bytes, len);
                break;
              }
            }
            time++;
            Thread.sleep(50);
            if (time >= 20) //1 秒未组完包则丢弃
              break;
          }
        } catch (Exception e) {
          Log.d("error", "error com");
          e.printStackTrace();
        }
      }
```

```
    }
```

⑥ 关闭输入输出流、关闭串口。

```
private void closeSerialPort() {
        if (mInputStream != null) {
          try {
            mInputStream.close();
            mInputStream = null;
          } catch (IOException e) {
            e.printStackTrace();
          }
        }
        if (mOutputStream != null) {
          try {
            mOutputStream.close();
            mOutputStream = null;
          } catch (IOException e) {
            e.printStackTrace();
          }
        }
        if (mSerialPort != null) {
          mSerialPort.close();
          mSerialPort = null;
        }
    }
```

⑦ 更改主界面继承接口"SerialZbThread. IZgibeeRec"。

```
public class MainActivity extends AppCompatActivity implements SerialZbThread.IZgibeeRec
```

⑧ 定义串口线程并初始化。

```
SerialZbThread serialZbThread; //串口线程
//初始化串口线程
        serialZbThread = new SerialZbThread("/dev/ttyAMA4");
        serialZbThread.setiZgibeeRec(this);
        serialZbThread.start();
```

⑨ 重写 onRecDataCom (final byte[] buffer, final int size)方法，对接收到的货架节点数据进行分析处理。

```
@ Override
    public void onRecDataCom(final byte[] buffer, int len) {
      runOnUiThread(new Runnable() {
        @ Override
        public void run() {
          //获取到的字节数组转成字符串
```

```
String buff = bytesToHexString(buffer);
//获取 MAC 地址
String addr = buff.substring(buff.length() - 16, buff.length());
Log.e("onRecDataCom", "buff:" + buff);
if (buffer[6] == (byte) 0x0a) { //智能货架
  //配置 MAC 地址
  if (textView != null && StrAddr.isEmpty()) {
    StrAddr = addr;
    textView.setText(StrAddr);
    setToast("MAC 地址配置成功!");
  }
  //库位号+ 卡号
  byte[] bytes = new byte[18];
  System.arraycopy(buffer, 8, bytes, 0, bytes.length);
  Log.e("onRecDataCom", "buff:" + buff);
  //转换成字符串
  String Str = new String(bytes);
  if (Str.substring(0, 2).equals("FF")) { //无卡号
    //获取货架号
    int card = Integer.parseInt(Str.substring(2, 4));
    switch (card) {
      case 1: //1 号无卡
        image_one.setImageResource(R.mipmap.one);
        if (! oneCard.isEmpty()) {
          //插入出库管理记录
          list.add(oneCard + " " + format.format(new Date()) + " " + "1 号库
位- 出库");
          oneCard = "";
        }
        break;
      case 2: //2 号无卡
        image_two.setImageResource(R.mipmap.two);
        if (! twoCard.isEmpty()) {
          //插入出库管理记录
          list.add(twoCard + " " + format.format(new Date()) + " " + "2 号库
位- 出库");
          twoCard = "";
        }
        break;
      case 3: //3 号无卡
        image_three.setImageResource(R.mipmap.three);
```

```
                if (! threeCard.isEmpty()) {
                  //插入出库管理记录
                  list.add(threeCard + " " + format.format(new Date()) + " " + "3号
库位-出库");
                  threeCard = "";
                }
                break;
              case 4: //4号无卡
                image_for.setImageResource(R.mipmap.fore);
                if (! forCard.isEmpty()) {
                  //插入出库管理记录
                  list.add(forCard + " " + format.format(new Date()) + " " + "4号库
位-出库");
                  forCard = null;
                }
                break;
            }
          } else {
            //获取卡号
            String StrCard = Str.substring(2, Str.length());
            //获取货架号
            String card = Str.substring(0, 2);
            switch (card) {
              case "01": //1号有货物
                changeImageView(StrCard, image_one, 1);
                break;
              case "02": //2号有货物
                changeImageView(StrCard, image_two, 2);
                break;
              case "03": //3号有货物
                changeImageView(StrCard, image_three, 3);
                break;
              case "04": //4号有货物
                changeImageView(StrCard, image_for, 4);
                break;
            }
            //添加卡号时显示卡号
            if (tv_card != null)
              tv_card.setText(StrCard);
          }
```

```
                }
            }
        });
    }
```

⑩ 关闭线程,释放资源。

```
//关闭线程,释放资源
private void close() {
      if (serialZbThread != null) {
        serialZbThread.interrupt();
        serialZbThread = null;
      }
    }
```

10.5 实验步骤

1) 硬件环境搭建步骤

(1) 准备一台物联网应用开发实训柜。

(2) 打开工程项目文件;在协议栈中按照实验内容中的配置参数,编译出 CC2530 协调器模块与 13.56 M 高频模块的 HEX 烧写文件。

(3) 使用 SmartRF Flash Programmer 工具,把编译出的 HEX 文件分别下载到 CC2530 协调器模块及 13.56 M 高频模块中。

(4) 把实训柜上电组网,并将 CC2530 协调器模块与电脑串口相连。打开串口工具,设置相应参数,读取 13.56 M 高频模块信息,验证烧写配置是否正确。

2) 物联网网关 Android 应用程序开发步骤

(1) 打开 Android 程序项目工程代码。

(2) 编译工程代码,并把生成的 APK 文件安装到物联网网关中。

(3) 打开"出入库管理"应用程序,进入应用界面。

10.6 实验结果

通过 Build→Build APK 生成 APK 软件,如图 10-3 所示。

等待编译完成之后右下角会弹出如图 10-4 所示提示框。

点击"Show in Explorer"这个蓝色的字体会打开 APK 所在的目录,如图 10-5 所示。

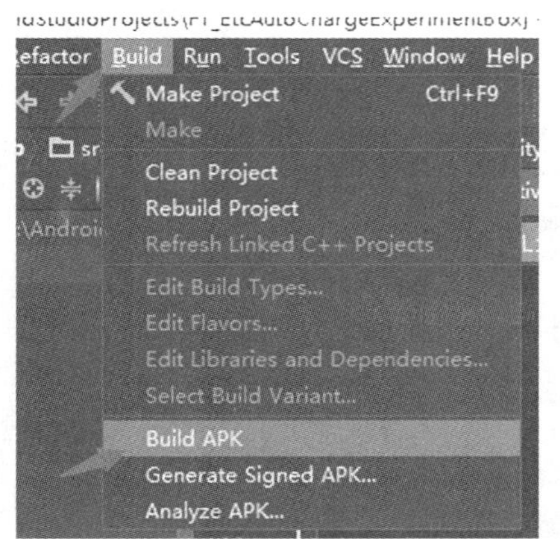

图 10－3　生成 APK 文件

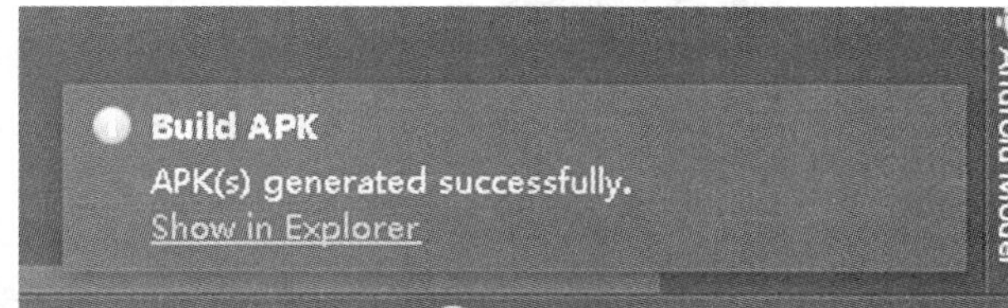

图 10－4　编译完成

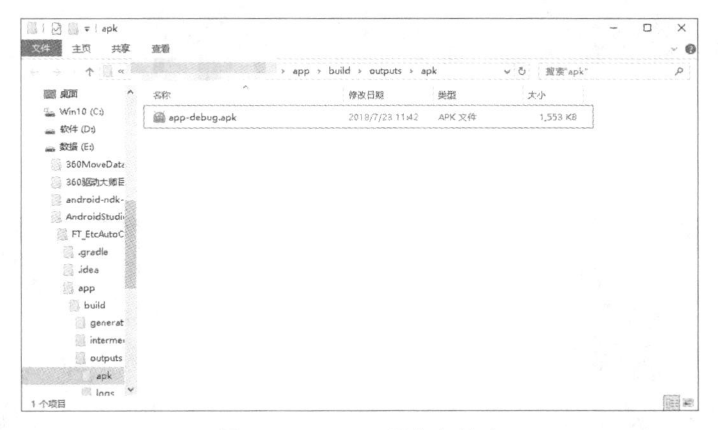

图 10－5　APK 所在文件夹

将此 APK 文件安装在网关上即可。

安装好的 APK 图标如图 10－6 所示。

打开软件，如图 10－7 所示。

图 10－6　安装完成图

图 10－7　APK 界面图

配置 MAC 地址:配置传感器的 MAC 地址。

添加货物:主要是将卡号和货物绑定,界面如图 10-8 所示。

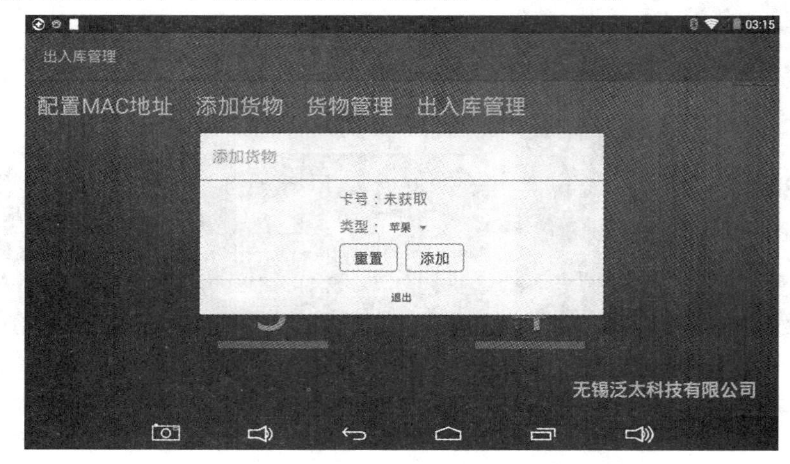

图 10-8　添加货物界面图

货物管理:可以对添加的货物进行查看和删除。

出入库管理:可以对货物的出入库进行查看和删除,如图 10-9 所示。

图 10-9　控制界面图

10.7　总结

本实验展示了 ZigBee 传输系统可以采集 13.56 M 卡号,通过添加和管理货物卡号,查看历史卡号记录来实现出入库管理,开发者可以根据自己的要求修改相应的图标及用户界面,熟悉 Android 物联网网关编程。

参考文献

[1] 沈苏彬，杨震. 物联网体系结构及其标准化[J]. 南京邮电大学学报(自然科学版)，2015，35(01)：1-18.

[2] 杨恒. 最新物联网实用开发技术[M]. 北京：清华大学出版社，2012.

[3] 熊茂华. 物联网技术及应用开发[M]. 北京：清华大学出版社，2014.

[4] 李金祥，方立刚. 物联网应用开发[M]. 北京：电子工业出版社，2014.

[5] 张云. Windows 下 Android 应用程序开发环境搭建详解[J]. 计算机时代，2013(01)：32-34.

[6] 赵晓伟. Android 开发环境在 Linux 平台上的搭建[J]. 计算机与数字工程，2016，44(08)：1615-1618，1624.

[7] 孙光宇，张玲玲. Android 物联网开发从入门到实战[M]. 北京：清华大学出版社，2015.

[8] 黄峰达. 自己动手设计物联网[M]. 北京：电子工业出版社，2016.

[9] 王亚维. 基于 Linux 的物联网实训平台设计与实现[D]. 大连：大连理工大学，2016.